VPNサーバー完全ガイド：クラウド上で自前の VPNを構築するには

Copyright © 2014-2025 Lin Song. All Rights Reserved.

ISBN 979-8991776240

目次 Contents

1 はじめに

1.1 自前のVPN構築をオススメする理由

今日のデジタル時代では、オンライン上のプライバシー保護とセキュリティ対策が重要視されています。ハッカーやその他の悪意のある者は、個人情報や機密データを盗む方法を常に探しているため、オンライン活動を安全に行うために必要な対策を講じることが不可欠です。

オンライン上のプライバシー保護とセキュリティ対策を強化する方法の1つは、自前の仮想プライベートネットワーク（VPN）を構築することです。これにより、さまざまな利点を得ることができます。

1. プライバシーの強化: 自前の VPN を構築することで、インターネットトラフィックが暗号化され、インターネットサービスプロバイダーなどの情報が集約されやすいモノと個人情報が保護されることが保証されます。VPN は、コーヒーショップ、空港、ホテルの部屋などにあるような公共の Wi-Fi ネットワークを利用するときに特に役立ちます。オンラインアクティビティや個人データが追跡、監視、傍受されるのを VPN は防いでくれるのです。

2. セキュリティの強化: 公共の VPN サービスはハッキングやデータ漏洩に対して脆弱で、個人情報がサイバー犯罪者に漏洩する可能性があります。自前の VPN を構築することで、接続時のセキュリティの強化と、その接続を介して送信されるデータをより強力に制御することができます。

3. 高いコストパフォーマンス: 公共の VPN サービスは多数ありますが、そのほとんどはサブスクリプション料金を支払うことが必要です。自前の VPN を構築することで、これらのコストを支払わずに、VPN の使用をより細かく制御することが可能です。

4. 地理的に制限されたコンテンツへのアクセスを可能にする: 一部の Web サイトやオンラインサービスは特定の地域でアクセスが制限される場合がありますが、別の地域にある VPN サーバーに接続することで、通常は利用できないコンテンツにアクセスできる場合があります。

5. カスタマイズすることによる柔軟な使用環境の実現：自前の VPN を構築すると、ニーズに合わせて VPN の使用環境をカスタマイズすることが可能です。使用する暗号化のレベル、サーバーの場所、TCP や UDP などのネットワークプロトコルを選択することが可能になります。これにより、ゲーム、ストリーミング、ダウンロードなどのアクティビティに合わせて VPN を最適化し、シームレスで安全な環境で使用することが可能になります。

自前の VPN を構築することは、柔軟性とコスト効率を享受しながら、オンラインのプライバシー保護とセキュリティを強化する効果的な方法です。適切なリソースとガイダンスがあれば、オンラインセキュリティへの価値ある投資となります。

1.2 この本について

この本は、自前の IPsec VPN、OpenVPN、および WireGuard サーバーを構築するための完全なガイドです。第 2 章から第 10 章では、IPsec VPN のインストール、クライアントのセットアップと管理、高度な使用方法、トラブルシューティングなどについて解説します。第 11 章と第 12 章では、Docker 上の IPsec VPN と高度な使用方法について解説します。第 13 章から第 15 章では、OpenVPN のインストール、クライアントのセットアップと管理について解説します。そして、第 16 章から第 18 章では、WireGuard VPN のインストール、クライアントのセットアップと管理について解説いたします。

IPsec VPN、OpenVPN、WireGuard は、人気が高く、広く使用されている VPN プロトコルです。インターネットプロトコルセキュリティ（IPsec）は、安全なネットワークプロトコルスイートです。また、OpenVPN は、オープンソースで堅牢かつ柔軟性の高い VPN プロトコルです。そして、WireGuard は、使いやすさと高いパフォーマンスの実現を目標に設計された高速で最新の VPN です。

2

1.3 はじめる

1.3.1 クラウドサーバーを作成する

最初のステップとして、自前の VPN を構築するためにクラウドサーバーまたは仮想プライベートサーバー（VPS）が必要になります。参考までに、人気のあるサーバープロバイダーをいくつか紹介します。

- DigitalOcean (https://www.digitalocean.com)
- Vultr (https://www.vultr.com)
- Linode (https://www.linode.com)
- OVH (https://www.ovhcloud.com/en/vps/)
- Hetzner (https://www.hetzner.com)
- Amazon EC2 (https://aws.amazon.com/ec2/)
- Google Cloud (https://cloud.google.com)
- Microsoft Azure (https://azure.microsoft.com)

まず、サーバープロバイダーを選択します。次に、チュートリアルリンク（英語）または以下の DigitalOcean の例の手順を参照して開始してください。サーバーを作成するときは、オペレーティングシステムとして最新の Ubuntu Linux LTS または Debian Linux（執筆時点では Ubuntu 24.04 または Debian 12）を選択し、1 GB 以上のメモリ（RAM）を搭載することをお勧めします。

- How to set up a server on DigitalOcean
  https://www.digitalocean.com/community/tutorials/how-to-set-up-an-ubuntu-20-04-server-on-a-digitalocean-droplet
- How to create a server on Vultr
  https://serverpilot.io/docs/how-to-create-a-server-on-vultr/
- Getting started on the Linode platform
  https://www.linode.com/docs/guides/getting-started/
- Getting started with an OVH VPS
  https://docs.ovh.com/us/en/vps/getting-started-vps/
- Create a server on Hetzner
  https://docs.hetzner.com/cloud/servers/getting-started/creating-a-server/
- Get started with Amazon EC2 Linux instances
  https://docs.aws.amazon.com/AWSEC2/latest/UserGuide/index.html

3

- Create a Linux VM in Google Compute Engine
  https://cloud.google.com/compute/docs/create-linux-vm-instance
- Create a Linux VM in the Azure portal
  https://learn.microsoft.com/en-us/azure/virtual-machines/linux/quick-create-portal

DigitalOcean でサーバーを作成する手順の例:

1. DigitalOcean アカウントにサインアップする: DigitalOcean の Web サイト (https://www.digitalocean.com) にアクセスし、まだアカウントを登録していない場合はサインアップしてください。

2. DigitalOcean ダッシュボードにログインしたら、画面の右上隅にある「Create」ボタンをクリックし、ドロップダウンメニューから「Droplets」を選択してください。

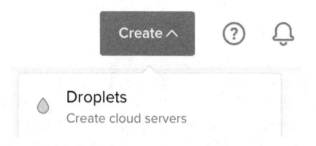

3. 要件に基づいて、たとえば現在地に最も近いデータセンターのリージョンを選択してください。

4

4. 「Choose an image」で、利用可能なイメージのリストから最新の Ubuntu Linux LTS バージョン（例：Ubuntu 24.04）を選択してください。

5. サーバーのプランを選択します。ニーズに応じてさまざまなオプションから選択することが可能です。個人用 VPN の場合、通常の SSD ディスクと 1 GB のメモリを備えた基本的な共有 CPU プランで十分です。

Droplet Type

SHARED CPU

| Basic (Plan selected) | General Purpose | CPU-Optir |

CPU options

| ⦿ Regular Disk type: SSD | Premium Intel Disk: NVMe SSD |

| $6/mo $0.009/hour | $12/mo $0.018/hour | $18/mo $0.027/hour |
| ← 1 GB / 1 CPU 25 GB SSD Disk 1000 GB transfer | 2 GB / 1 CPU 50 GB SSD Disk 2 TB transfer | 2 GB / 2 CPUs 60 GB SSD Disk 3 TB transfer |

6. 認証方法として「Password」を選択し、強力で安全なルートパスワード
を入力してください。サーバーのセキュリティを確保するには、強力で
安全なルートパスワードを選択することが大切です。または、認証に
SSH キーを使用することも可能です。

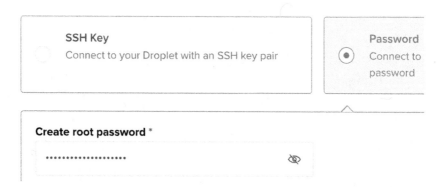

7. 必要に応じて、バックアップや IPv6 などの追加オプションを選択して
ください。

8. サーバーのホスト名を入力し、「Create Droplet」をクリックしてくだ
さい。

9. サーバーが作成されるまで数分間お待ちください。

サーバーの準備ができたら、ユーザー名「root」とサーバーの作成時に入力
したパスワードを使用してサーバーに接続してください。

1.3.2 サーバーに接続する

サーバーが作成されると、SSH 経由でアクセスすることが可能になります。ローカルコンピューターのターミナルまたは Git for Windows などのツールを使用して、IP アドレスとルートログイン資格情報を使用してサーバーに接続することが可能です。

Windows、macOS、または Linux から SSH を使用してサーバーに接続するには、次の手順に従ってください。

1. コンピューターでターミナルを開いてください。Windows では、Git for Windows などのターミナルエミュレーターを使用することが可能です。

   Git for Windows: https://git-scm.com/downloads
   ポータブルバージョンをダウンロードし、ダブルクリックしてインストールしてください。完了したら、PortableGit フォルダーを開き、ダブルクリックして git-bash.exe を実行してください。

2. 次のコマンドを入力してください。username をユーザー名（例: root）に、server-ip をサーバーの IP アドレスまたはホスト名に置き換えてください。

   ssh username@server-ip

3. 初めてサーバーに接続する場合は、サーバーの SSH キーフィンガープリントを受け入れるように求められる場合があります。「yes」と入力して Enter キーを押して続行してください。

4. パスワードを使用してログインする場合は、パスワードの入力が求められます。パスワードを入力して Enter キーを押してください。

5. 認証されると、SSH 経由でサーバーにログインしてください。

6. これで、ターミナルを介してサーバー上でコマンドを実行できるようになりました。

7. 終了時にサーバーから切断するには、「exit」コマンドを入力して Enter キーを押してください。

これで、自前の VPN を構築する準備が整いました。

2 自前のIPsec VPNサーバーの構築方法

このプロジェクトをウェブで見る：https://github.com/hwdsl2/setup-ipsec-vpn

IPsec/L2TP、Cisco IPsec、IKEv2 を使用して、わずか数分で自前の IPsec VPN サーバーをセットアップします。

IPsec VPN はネットワークトラフィックを暗号化し、インターネット経由でデータが送信される際に、VPN サーバーとあなたの間の誰もがデータを盗聴できないようにします。これは、コーヒーショップ、空港、ホテルの部屋などの安全でないネットワークを使用する際に特に有用です。

IPsec サーバーとして Libreswan (https://libreswan.org) を使用し、L2TP プロバイダーとして xl2tpd (https://github.com/xelerance/xl2tpd) を使用します。

2.1 機能

- 完全自動化された IPsec VPN サーバーのセットアップ、ユーザー入力不要
- 強力で高速な暗号（例：AES-GCM）をサポートする IKEv2 をサポート
- iOS、macOS、Android デバイスを自動構成する VPN プロファイルを生成
- Windows、macOS、iOS、Android、Chrome OS、Linux を VPN クライアントとしてサポート
- VPN ユーザーと証明書を管理するためのヘルパースクリプトを含む

2.2 クイックスタート

まず、Ubuntu、Debian、または CentOS をインストールした Linux サーバーを準備します。次に、次のワンライナーを使用して IPsec VPN サーバーをセットアップします*。

```
wget https://get.vpnsetup.net -O vpn.sh && sudo sh vpn.sh
```

* クラウドサーバー、仮想プライベートサーバー（VPS）、または専用サーバー。

VPN ログイン情報はランダムに生成され、完了時に表示されます。

一方で、外部ファイアウォールを備えたサーバー（Amazon EC2 など）の場合は、VPN 用に UDP ポート 500 と 4500 を開いてください。

出力例：

```
$ sudo sh vpn.sh

... ... （出力省略）
===============================================

IPsec VPN server is now ready for use!

Connect to your new VPN with these details:

Server IP: 192.0.2.1
IPsec PSK: [IPsec 事前共有キー]
Username: vpnuser
Password: [VPN パスワード]

Write these down. You'll need them to connect!

VPN client setup: https://vpnsetup.net/clients


===============================================

===============================================

IKEv2 setup successful. Details for IKEv2 mode:

VPN server address: 192.0.2.1
VPN client name: vpnclient

Client configuration is available at:
/root/vpnclient.p12 (for Windows & Linux)
```

```
/root/vpnclient.sswan (for Android)
/root/vpnclient.mobileconfig (for iOS & macOS)


Next steps: Configure IKEv2 clients. See:
https://vpnsetup.net/clients


=================================================
```

オプション: 同じサーバーに WireGuard および/または OpenVPN をインストールします。詳細については、第 13 章と第 16 章を参照してください。

次の手順: コンピューターまたはデバイスで VPN を使用する方法です。以下を参照してください。

3.2 IKEv2 VPN クライアントの構成（推奨）
5 IPsec/L2TP VPN クライアントの構成
6 IPsec/XAuth（「Cisco IPsec」）VPN クライアントの構成

その他のインストールオプションについては、以下のセクションを参照してください。

▼ ダウンロードできない場合は、以下の手順に従ってください。

curl を使用してダウンロードすることもできます。

```
curl -fsSL https://get.vpnsetup.net -o vpn.sh && sudo sh vpn.sh
```

代替ダウンロードリンク:

```
https://github.com/hwdsl2/setup-ipsec-vpn/raw/master/vpnsetup.sh
https://gitlab.com/hwdsl2/setup-ipsec-vpn/-/raw/master/vpnsetup.sh
```

2.3 要件

以下のいずれかのインストールを備えたクラウドサーバー、仮想プライベートサーバー（VPS）、または専用サーバー:

- Ubuntu Linux LTS
- Debian Linux
- CentOS Stream
- Rocky Linux または AlmaLinux

- Oracle Linux
- Amazon Linux 2

▼ 他のサポートされている Linux デイストリビューション：

- Raspberry Pi OS（Raspbian）
- Kali Linux
- Alpine Linux
- Red Hat Enterprise Linux（RHEL）

これには、DigitalOcean、Vultr、Linode、OVH、および Microsoft Azure などのパブリッククラウドの Linux VM も含まれます。外部ファイアウォールを備えたサーバー（EC2/GCE など）の場合は、VPN 用に UDP ポート 500 と 4500 を開いてください。

Linode にデプロイ：https://cloud.linode.com/stackscripts/37239

事前に構築された Docker イメージも利用することが可能です。詳細については、第 11 章を参照してください。

上級ユーザーは、Raspberry Pi (https://raspberrypi.com) 上に VPN サーバーを構築することが可能です。まず、Raspberry Pi にログインしてターミナルを開き、この章の指示に従って IPsec VPN をインストールします。また、接続する前に、ルーターの UDP ポート 500 と 4500 を Raspberry Pi のローカル IP に転送する必要がある場合があります。次のチュートリアルを参照してください。
https://stewright.me/2018/07/create-a-raspberry-pi-vpn-server-using-l2tpipsec/
https://elasticbyte.net/posts/setting-up-a-native-cisco-ipsec-vpn-server-using-a-raspberry-pi/

警告： これらのスクリプトを PC や Mac で実行しないでください！これらはサーバーでのみ使用する必要があります！

2.4 インストール

まず、サーバーを更新します：sudo apt-get update && sudo apt-get dist-upgrade（Ubuntu/Debian）または sudo yum update を実行し、再起動します。これはオプションですが、推奨されます。

VPN をインストールするには、次のオプションのいずれかを選択してください。

オプション 1:　スクリプトにランダムな VPN 資格情報を生成させる（完了時に表示されます）。

```
wget https://get.vpnsetup.net -O vpn.sh && sudo sh vpn.sh
```

オプション 2:　スクリプトを編集し、自前の VPN 資格情報を提供する。

```
wget https://get.vpnsetup.net -O vpn.sh
nano -w vpn.sh
# [独自の値に置き換えてください:
# YOUR_IPSEC_PSK、YOUR_USERNAME、および YOUR_PASSWORD]
sudo sh vpn.sh
```

注:　安全な IPsec PSK は少なくとも 20 のランダムな文字で構成されるべきです。

オプション 3:　環境変数として自前のVPN資格情報を定義する。

```
# すべての値は 'シングルクォート' で囲む必要があります
# これらの特殊文字を値に使用しないでください: \ " '
wget https://get.vpnsetup.net -O vpn.sh
sudo VPN_IPSEC_PSK='あなたのIPsec事前共有キー' \
VPN_USER='あなたのVPNユーザー名' \
VPN_PASSWORD='あなたのVPNパスワード' \
sh vpn.sh
```

オプションで、同じサーバーに WireGuard や OpenVPN をインストールすることもできます。詳細については、第 13 章と第 16 章を参照してください。サーバーで CentOS Stream、Rocky Linux、または AlmaLinux を実行している場合は、最初に OpenVPN/WireGuard をインストールし、次に IPsec VPN をインストールします。

▼ ダウンロードできない場合は、以下の手順に従ってください。

curl を使用してダウンロードすることもできます。例えば:

```
curl -fL https://get.vpnsetup.net -o vpn.sh && sudo sh vpn.sh
```

代替ダウンロードリンク:

```
https://github.com/hwdsl2/setup-ipsec-vpn/raw/master/vpnsetup.sh
https://gitlab.com/hwdsl2/setup-ipsec-vpn/-/raw/master/vpnsetup.sh
```

2.5 次のステップ

コンピューターまたはデバイスで VPN を使用する方法です。以下を参照してください。

3.2 IKEv2 VPN クライアントの構成（推奨）
5 IPsec/L2TP VPN クライアントの構成
6 IPsec/XAuth（「Cisco IPsec」）VPN クライアントの構成

あなただけの VPN をお楽しみください!

2.6 重要な注意事項

Windows ユーザー: IPsec/L2TP モードの場合、VPN サーバーまたはクライアントが NAT（例: 家庭用ルーター）の背後にある場合は、一度だけレジストリを変更する必要があります。第 7 章「IPsec VPN: トラブルシューティング」のセクション 7.3.1 を参照してください。

同じ VPN アカウントを複数のデバイスで使用できます。ただし、IPsec/L2TP の制限により、同じ NAT（例: 家庭用ルーター）の背後から複数のデバイスを接続する場合は、IKEv2 または IPsec/XAuth モードを使用する必要があります。VPN ユーザーアカウントを表示または更新するには、第 9 章「IPsec VPN: VPN ユーザーの管理」を参照してください。

外部ファイアウォールを備えたサーバー（EC2/GCE など）の場合は、VPN 用に UDP ポート 500 と 4500 を開いてください。

VPN がアクティブな場合、クライアントは Google Public DNS を使用するように設定されます。別の DNS プロバイダーを希望する場合は、第 8 章「IPsec VPN: 高度な使用方法」を参照してください。

カーネルサポートを使用すると、IPsec/L2TP のパフォーマンスが向上する可能性があります。これは、サポートされているすべての OS で利用することが可能です。Ubuntu ユーザーは、linux-modules-extra-$(uname -r) パ

13

ッケージをインストールし、`service xl2tpd restart` を実行する必要があります。

スクリプトは、変更を加える前に既存の構成ファイルをバックアップし、`.old-date-time`サフィックスを付けます。

2.7 Libreswanのアップグレード

このワンライナーを使用して、VPN サーバー上の Libreswan (https://libreswan.org) を更新します。インストールされているバージョンを確認します: `ipsec --version`。

`wget https://get.vpnsetup.net/upg -O vpnup.sh && sudo sh vpnup.sh`

変更ログ: https://github.com/libreswan/libreswan/blob/main/CHANGES
アナウンス: https://lists.libreswan.org

▼ ダウンロードできない場合は、以下の手順に従ってください。

`curl` を使用してダウンロードすることもできます。

```
curl -fsSL https://get.vpnsetup.net/upg -o vpnup.sh
sudo sh vpnup.sh
```

代替ダウンロードリンク:

```
https://github.com/hwdsl2/setup-ipsec-
vpn/raw/master/extras/vpnupgrade.sh
https://gitlab.com/hwdsl2/setup-ipsec-
vpn/-/raw/master/extras/vpnupgrade.sh
```

注: xl2tpd は、Ubuntu/Debian の `apt-get` などのシステムのパッケージマネージャーを使用して更新できます。

2.8 VPNオプションのカスタマイズ

2.8.1 代替DNSサーバーの使用

デフォルトでは、VPNがアクティブな場合、クライアントはGoogle Public DNSを使用するように設定されています。VPNをインストールする際に、すべてのVPNモードに対してカスタムDNSサーバーを指定することができます。例:

```
sudo VPN_DNS_SRV1=1.1.1.1 VPN_DNS_SRV2=1.0.0.1 sh vpn.sh
```

VPN_DNS_SRV1を使用してプライマリDNSサーバーを指定し、VPN_DNS_SRV2を使用してセカンダリDNSサーバーを指定します（オプション）。

以下は、参考のためのいくつかの人気のあるパブリックDNSプロバイダーのリストです。

プロバイダー	プライマリ DNS	セカンダリ DNS	注記
Google Public DNS	8.8.8.8	8.8.4.4	デフォルト
Cloudflare DNS	1.1.1.1	1.0.0.1	以下のリンクを参照
Quad9	9.9.9.9	149.112.112.112	悪意のあるドメインをブロック
OpenDNS	208.67.222.222	208.67.220.220	フィッシングドメインをブロック
CleanBrowsing	185.228.168.9	185.228.169.9	ドメインフィルターが利用可能
NextDNS	さまざま	さまざま	広告ブロック
Control D	さまざま	さまざま	広告ブロック

詳細については、次のWebサイトをご覧ください。

Google Public DNS: https://developers.google.com/speed/public-dns
Cloudflare DNS: https://1.1.1.1/dns/
家族向け Cloudflare: https://1.1.1.1/family/
Quad9: https://www.quad9.net
OpenDNS: https://www.opendns.com/home-internet-security/
CleanBrowsing: https://cleanbrowsing.org/filters/
NextDNS: https://nextdns.io
Control D: https://controld.com/free-dns

VPN のセットアップ後に DNS サーバーを変更する必要がある場合は、第 8 章「IPsec VPN：高度な使用方法」を参照してください。

注： IKEv2 がすでにサーバー上に設定されている場合は、上記の変数は IKEv2 モードには影響しません。その場合、DNS サーバーなどの IKEv2 オプションをカスタマイズするには、まず IKEv2 を削除し（セクション 3.8 を参照）、次に sudo ikev2.sh を使用して再設定します。

2.8.2 IKEv2 オプションのカスタマイズ

VPN をインストールする際に、上級ユーザーはオプションで IKEv2 オプションをカスタマイズできます。

オプション 1： VPN セットアップ時に IKEv2 をスキップし、カスタムオプションを使用して IKEv2 を設定します。

VPN をインストールする際に、IKEv2 をスキップし、IPsec/L2TP および IPsec/XAuth（「Cisco IPsec」）モードのみをインストールできます。

```
sudo VPN_SKIP_IKEV2=yes sh vpn.sh
```

（オプション）VPN クライアントにカスタム DNS サーバーを指定する場合は、VPN_DNS_SRV1 およびオプションで VPN_DNS_SRV2 を定義します。前のセクションを参照してください。

その後、IKEv2 ヘルパースクリプトを実行して、カスタムオプションを使用して対話的に IKEv2 を設定します。

```
sudo ikev2.sh
```

次のオプションをカスタマイズすることが可能です：VPN サーバーの DNS
名、最初のクライアントの名前と有効期間、VPN クライアントの DNS サー
バー、クライアント構成ファイルをパスワードで保護すること。

注：IKEv2 がすでにサーバー上に設定されている場合は、VPN_SKIP_IKEV2
変数は影響しません。その場合、IKEv2 オプションをカスタマイズするに
は、まず IKEv2 を削除し（セクション 3.8 を参照）、次に sudo ikev2.sh
を使用して再設定します。

手順の例（独自の値に置き換えてください）：

注： これらのオプションは、スクリプトの新しいバージョンでは変更され
る可能性があります。必要なオプションを選択する前に、よくお読みくださ
い。

```
$ sudo VPN_SKIP_IKEV2=yes sh vpn.sh
... ... （出力省略）


$ sudo ikev2.sh


Welcome! Use this script to set up IKEv2 on your VPN server.


I need to ask you a few questions before starting setup. You can
use the default options and just press enter if you are OK with
them.
```

最初に、VPN サーバーの DNS 名を入力してください。

```
Do you want IKEv2 clients to connect to this server using a DNS
name, e.g. vpn.example.com, instead of its IP address? [y/N] y


Enter the DNS name of this VPN server:
vpn.example.com
```

次に、最初のクライアントの名前と有効期間を入力してください。

```
Provide a name for the IKEv2 client.
Use one word only, no special characters except '-' and '_'.
Client name: [vpnclient]
```

Specify the validity period (in months) for this client
certificate.
Enter an integer between 1 and 120: [120]

そして、カスタム DNS サーバーを指定してください。

By default, clients are set to use Google Public DNS when the VPN
is active.
Do you want to specify custom DNS servers for IKEv2? [y/N] y

Enter primary DNS server: 1.1.1.1
Enter secondary DNS server (Enter to skip): 1.0.0.1

その上で、クライアント構成ファイルをパスワードで保護するかどうかを選
択し。

IKEv2 client config files contain the client certificate, private
key and CA certificate. This script can optionally generate a
random password to protect these files.

Protect client config files using a password? [y/N]

最後に、インストールオプションを確認して確定してください。

We are ready to set up IKEv2 now.
Below are the setup options you selected.

===================================

Server address: vpn.example.com
Client name: vpnclient

Client cert valid for: 120 months
MOBIKE support: Not available
Protect client config: No
DNS server(s): 1.1.1.1 1.0.0.1

===================================

```
Do you want to continue? [Y/n]
```

オプション 2: 環境変数を使用して IKEv2 オプションをカスタマイズします。

VPN をインストールする際に、オプションで IKEv2 サーバーアドレスの DNS 名を指定できます。DNS 名は完全修飾ドメイン名（FQDN）である必要があります。例:

```
sudo VPN_DNS_NAME='vpn.example.com' sh vpn.sh
```

同様に、最初の IKEv2 クライアントの名前を指定できます。指定しない場合は、デフォルトは vpnclient です。

```
sudo VPN_CLIENT_NAME='クライアント名' sh vpn.sh
```

デフォルトでは、VPN がアクティブな場合、クライアントは Google Public DNS を使用するように設定されています。すべての VPN モードに対してカスタム DNS サーバーを指定できます。例:

```
sudo VPN_DNS_SRV1=1.1.1.1 VPN_DNS_SRV2=1.0.0.1 sh vpn.sh
```

デフォルトでは、IKEv2 クライアント構成のインポート時にパスワードは必要ありません。ランダムなパスワードを使用してクライアント構成ファイルを保護することを選択できます。

```
sudo VPN_PROTECT_CONFIG=yes sh vpn.sh
```

▼ 参考のために: IKEv1 および IKEv2 パラメータのリスト。
デフォルト値を持つ IKEv1 パラメータのリスト:

IKEv1 パラメータ*	デフォルト値	カスタマイズ（環境変数）**
サーバーアドレス（DNS 名）	-	いいえ、ただし DNS 名を使用して接続できます
サーバーアドレス（パブリック IP）	自動検出	VPN_PUBLIC_IP
IPsec 事前共有キー	自動生成	VPN_IPSEC_PSK
VPN ユーザー名	vpnuser	VPN_USER

IKEv1 パラメータ*	デフォルト値	カスタマイズ（環境変数）**
VPN パスワード	自動生成	VPN_PASSWORD
クライアントの DNS サーバー	Google Public DNS	VPN_DNS_SRV1 、 VPN_DNS_SRV2
IKEv2 セットアップをスキップ	いいえ	VPN_SKIP_IKEV2=yes

* これらの IKEv1 パラメータは、IPsec/L2TP および IPsec/XAuth（「Cisco IPsec」）モード用です。

** vpn(setup).sh を実行する際に、これらを環境変数として定義します。

デフォルト値を持つ IKEv2 パラメータのリスト：

IKEv2 パラメータ*	デフォルト値	カスタマイズ（環境変数）**	カスタマイズ（対話型）***
サーバーアドレス（DNS名）	-	VPN_DNS_NAME	✔
サーバーアドレス（パブリック IP）	自動検出	VPN_PUBLIC_IP	✔
最初のクライアントの名前	vpnclient	VPN_CLIENT_NAME	✔
クライアントの DNS サーバー	Google Public DNS	VPN_DNS_SRV1 、 VPN_DNS_SRV2	✔
クライアント構成ファイルを保護する	いいえ	VPN_PROTECT_CONFIG=yes	✔
MOBIKE の有効/無効	サポートされている場合は有効 ✘		✔

IKEv2 パラ メータ*	デフォルト値	カスタマイズ（環境変数）**	カスタマイズ（対話型）***
クライアント証明書の有効期間****	10 年（120 ヶ月）	VPN_CLIENT_VALIDITY	✔
CA およびサーバー証明書の有効期間	10 年（120 ヶ月）	✘	✘
CA 証明書名	IKEv2 VPN CA	✘	✘
証明書キーのサイズ	3072 ビット	✘	✘

* これらの IKEv2 パラメータは IKEv2 モード用です。

** vpn(setup).sh を実行する際、または自動モードで IKEv2 を設定する際に、これらを環境変数として定義します（sudo ikev2.sh --auto）。

*** 対話型 IKEv2 セットアップ中にカスタマイズできます（sudo ikev2.sh）。上記のオプション1を参照してください。

**** VPN_CLIENT_VALIDITY を使用して、クライアント証明書の有効期間を月単位で指定します。1 から 120 の間の整数である必要があります。

これらのパラメータに加えて、上級ユーザーは VPN セットアップ中に VPN サブネットをカスタマイズすることもできます。第 8 章「IPsec VPN: 高度な使用方法」のセクション 8.5 を参照してください。

2.9 VPNのアンインストール

IPsec VPN をアンインストールするには、ヘルパースクリプトを実行します。

警告: このヘルパースクリプトは、サーバーから IPsec VPN を削除します。すべての VPN 構成は 永久に削除 され、Libreswan および xl2tpd は削除されます。これは 元に戻すことはできません。

```
wget https://get.vpnsetup.net/unst -O unst.sh && sudo bash unst.sh
```

▼ ダウンロードできない場合は、以下の手順に従ってください。

curl を使用してダウンロードすることもできます。

```
curl -fsSL https://get.vpnsetup.net/unst -o unst.sh
sudo bash unst.sh
```

代替ダウンロードリンク:

```
https://github.com/hwdsl2/setup-ipsec-
vpn/raw/master/extras/vpnuninstall.sh
https://gitlab.com/hwdsl2/setup-ipsec-
vpn/-/raw/master/extras/vpnuninstall.sh
```

詳細については、第 10 章「IPsec VPN: VPN のアンインストール」を参照
してください。

3 ガイド: **IKEv2 VPN**の設定と使用方法

3.1 導入

最新のオペレーティングシステムはIKEv2標準をサポートしています。インターネットキー交換（IKEまたはIKEv2）は、IPsecプロトコルスイートでセキュリティアソシエーション（SA）を設定するために使用されるプロトコルです。IKEバージョン1と比較して、IKEv2には、標準モビリティのサポートなどの改善が含まれています。 MOBIKE、信頼性の向上。

Libreswan は、RSA 署名を使用した X.509 マシン証明書に基づいて IKEv2 クライアントを認証できます。この方法では、IPsec PSK、ユーザー名、パスワードは必要ありません。Windows、macOS、iOS、Android、Chrome OS、Linux で使用できます。

デフォルトでは、VPN セットアップスクリプトを実行すると、IKEv2 が自動的にセットアップされます。IKEv2 のセットアップの詳細については、セクション 3.6「ヘルパースクリプトを使用して IKEv2 を設定する」を参照してください。Docker ユーザーは、セクション 11.9「IKEv2 VPN を構成して使用する」を参照してください。

3.2 **IKEv2 VPN**クライアントの構成

注: IKEv2 クライアントを追加またはエクスポートするには、`sudo ikev2.sh` を実行してください。使用方法を表示するには、`-h` を使用してください。クライアント構成ファイルは、インポート後に安全に削除できます。

- Windows 7、8、10、11+
- macOS
- iOS（iPhone/iPad）
- Android
- Chrome OS（Chromebook）
- Linux
- MikroTik RouterOS

3.2.1 Windows 7、8、10、11+

3.2.1.1 自動インポート設定

スクリーンキャスト: Windows で IKEv2 構成を自動的にインポートするには
YouTubeで見る: https://youtu.be/H8-S35OgoeE

Windows 8、10、11+ ユーザーは IKEv2 構成を自動的にインポートすることが可能です。

1. 最初に、生成された .p12 ファイルを安全にコンピューターに転送してください。
2. 次 に、 ikev2_config_import.cmd (https://github.com/hwdsl2/vpn-extras/releases/latest/download/ikev2_config_import.cmd) をダウンロードし、このヘルパースクリプトを .p12 ファイルと同じフォルダーに保存してください。
3. そして、保存したスクリプトを右クリックし、プロパティ を選択してください。その後、下部の 許可する をクリックし、**OK** をクリックしてください。
4. 最後に、保存したスクリプトを右クリックし、**管理者**として実行 を選択して、プロンプトに従ってください。

VPN に接続するには、システムトレイのワイヤレス/ネットワークアイコンをクリックし、新しい VPN エントリを選択して、接続 をクリックしてください。

接続したら、Google で IP アドレスを検索することで、トラフィックが適切にルーティングされていることを確認することが可能です。接続作業が完了すると、「パブリック IP アドレスは VPN サーバー IP です」と表示されます。

接続時にエラーが発生した場合は、セクション 7.2 IKEv2 のトラブルシューティングを参照してください。

3.2.1.2 手動で設定をインポートする

スクリーンキャスト： Windows 8/10/11 での IKEv2 の手動インポート構成
YouTubeで見る： https://youtu.be/-CDnvh58EJM
スクリーンキャスト： Windows 7 での IKEv2 の手動インポート構成
YouTubeで見る： https://youtu.be/UsBWmO-CRCo

あるいは、**Windows 7、8、10、11+** ユーザーは IKEv2 構成を手動でインポートできます。

1. 生成された .p12 ファイルを安全にコンピューターに転送し、証明書ストアにインポートしてください。

   .p12 ファイルをインポートするには、管理者特権のコマンドプロンプトから次を実行してください。

   ```
   # .p12 ファイルをインポートします (独自の値に置き換えます)
   certutil -f -importpfx "\path\to\your\file.p12" NoExport
   ```

   注： クライアント構成ファイルにパスワードがない場合は、Enter キーを押して続行するか、.p12 ファイルを手動でインポートする場合は、パスワードフィールドを空白のままにします。

   あるいは、.p12 ファイルを手動でインポートすることもできます。
   https://wiki.strongswan.org/projects/strongswan/wiki/Win7Certs/9

   クライアント証明書が「個人 -> 証明書」に配置され、CA 証明書が「信頼されたルート証明機関 -> 証明書」に配置されていることを確認してください。

2. Windows コンピュータで、新しい IKEv2 VPN 接続を追加してください。

   Windows 8、10、11+ の場合、セキュリティとパフォーマンスを向上させるために、コマンドプロンプトから次のコマンドを使用して VPN 接続を作成することをお勧めします。

   ```
   # VPN接続を作成 (サーバーアドレスを独自の値に置き換えます)
   powershell -command ^"Add-VpnConnection ^
     -ServerAddress 'VPNサーバーのIP (またはDNS名)' ^
     -Name 'My IKEv2 VPN' -TunnelType IKEv2 ^
   ```

```
  -AuthenticationMethod MachineCertificate ^
  -EncryptionLevel Required -PassThru^"
# IPsec設定を設定する
powershell -command ^"Set-VpnConnectionIPsecConfiguration ^
  -ConnectionName 'My IKEv2 VPN' ^
  -AuthenticationTransformConstants GCMAES128 ^
  -CipherTransformConstants GCMAES128 ^
  -EncryptionMethod AES256 ^
  -IntegrityCheckMethod SHA256 -PfsGroup None ^
  -DHGroup Group14 -PassThru -Force^"
```

Windows 7 ではこれらのコマンドはサポートされていないため、VPN 接続を手動で作成できます。
https://wiki.strongswan.org/projects/strongswan/wiki/Win7Config/8

注: 指定するサーバーアドレスは、IKEv2 ヘルパースクリプトの出力のサーバーアドレスと 完全に一致 している必要があります。たとえば、IKEv2 のセットアップ中にサーバーの DNS 名を指定した場合は、インターネットアドレス フィールドに DNS 名を入力する必要があります。

3. **VPN** 接続を手動で作成した場合は、この手順が必要です。

   レジストリを一度変更するだけで、IKEv2 のより強力な暗号を有効にできます。管理者特権のコマンドプロンプトから次を実行してください。

   ◦ Windows 7、8、10、11+ の場合

```
REG ADD HKLM\SYSTEM\CurrentControlSet\Services\RasMan\Parameters ^
 /v NegotiateDH2048_AES256 /t REG_DWORD /d 0x1 /f
```

VPN に接続するには、システムトレイのワイヤレス/ネットワークアイコンをクリックし、新しい VPN エントリを選択して、接続 をクリックしてください。接続したら、Google で IP アドレスを検索することで、トラフィックが適切にルーティングされていることを確認することが可能です。接続作業が完了すると、「パブリック IP アドレスは VPN サーバー IP です」と表示されます。

接続時にエラーが発生した場合は、セクション 7.2 IKEv2 のトラブルシューティングを参照してください。

▼ IKEv2 VPN 接続を削除します。

次の手順を使用すると、VPN 接続を削除し、必要に応じてコンピューターを IKEv2 構成のインポート前の状態に復元できます。

1. Windows の「設定 -> ネットワーク -> VPN」で、追加された VPN 接続を削除します。Windows 7 ユーザーは、「ネットワークと共有センター -> アダプター設定の変更」で VPN 接続を削除できます。

2. （オプション）IKEv2 証明書を削除してください。

   1. Win+R を押して「mmc」と入力するか、スタートメニューで「mmc」を検索します。*Microsoft 管理*コンソールを開いてください。

   2. 「ファイル - スナップインの追加と削除」を開いてください。「証明書」の追加を選択し、開いたウィンドウで「コンピューターアカウント -> ローカルコンピューター」を選択します。「完了 -> OK」をクリックして設定を保存します。

   3. 「個人 -> 証明書」に移動し、IKEv2 クライアント証明書を削除します。証明書の名前は、指定した IKEv2 クライアント名と同じです（デフォルト：「vpnclient」）。証明書は「IKEv2 VPN CA」によって発行されました。

   4. 「信頼されたルート証明機関 -> 証明書」に移動し、IKEv2 VPN CA 証明書を削除します。この証明書は、「IKEv2 VPN CA」によって「IKEv2 VPN CA」に発行されたものです。削除する前に、「個人 -> 証明書」に「IKEv2 VPN CA」によって発行された他の証明書がないことを確認してください。

3. （オプション。VPN 接続を手動で作成したユーザーの場合）レジストリ設定を復元します。編集する前にレジストリをバックアップする必要があることに注意してください。

   1. Win+R を押すか、スタートメニューで regedit を検索します。レジストリエディターを開いてください。

   2. 次の場所に移動します：
   HKEY_LOCAL_MACHINE\System\CurrentControlSet\Services\Rasman\Parameters に移動し、NegotiateDH2048_AES256 という名前の項目

が存在する場合は削除します。

3.2.2 macOS

スクリーンキャスト： IKEv2 構成をインポートし、macOS で VPN に接続するには
YouTubeで見る: https://youtu.be/E2IZMUtR7kU

まず、生成された .mobileconfig ファイルを Mac に転送し、ダブルクリックしてプロンプトに従って macOS プロファイルとしてインポートしてください。Mac に Big Sur および Monterey の macOS が実装されている場合は、システム設定を開き、プロファイルセクションに移動してインポートを完了してください。一方で、Mac に Ventura 以降の macOS が実装されている場合は、システム設定を開いてプロファイルを検索してください。完了したら、システム設定 -> プロファイルの下に「IKEv2 VPN」がリストされていることを確認することができます。

VPN に接続するには:

1. 最初に、システム設定を開き、「ネットワーク」セクションに移動してください。
2. 次に、VPN サーバー IP（または DNS 名）を使用して VPN 接続を選択してください。
3. そして、メニューバーに **VPN の状況を表示** チェックボックスをオンにしてください。macOS が Ventura 以降の場合、この設定は、システム設定 -> コントロールセンター -> メニューバーのみのセクションで構成することが可能です。
4. 最後に、接続 をクリックするか、VPN スイッチをオンにしてください。

（オプション機能）オンデマンド接続 を有効にすると、Mac が Wi-Fi に接続されているときに VPN 接続が自動的に開始します。有効にするには、VPN 接続の オンデマンド接続 チェックボックスをオンにして、適用 をクリックしてください。macOS Ventura 以降でこの設定を見つけるには、VPN 接続の右側にある「i」アイコンをクリックしてください。

VPN オンデマンドルールをカスタマイズして、自宅のネットワークなどの特定の Wi-Fi ネットワークを除外することができます。第 4 章「ガイド: macOS および iOS の IKEv2 VPN オンデマンドルールのカスタマイズ」を

参照してください。

接続したら、Google で IP アドレスを検索することで、トラフィックが適切にルーティングされていることを確認することが可能です。接続作業が完了すると、「パブリック IP アドレスは VPN サーバー IP です」と表示されます。

接続時にエラーが発生した場合は、セクション 7.2 IKEv2 のトラブルシューティングを参照してください。

▼ IKEv2 VPN 接続を削除します。

IKEv2 VPN 接続を削除するには、「システム設定」->「プロファイル」を開き、追加した IKEv2 VPN プロファイルを削除します。

3.2.3 iOS

スクリーンキャスト: IKEv2 構成をインポートし、iOS（iPhone および iPad）で VPN に接続するには
YouTubeで見る: https://youtube.com/shorts/Y5HuX7jk_Kc

まず、生成された .mobileconfig ファイルを安全に iOS デバイスに転送し、iOS プロファイルとしてインポートしてください。ファイルを転送するには、以下を使用することが可能です。

1. AirDrop、または
2. ファイル共有 (https://support.apple.com/ja-jp/119585) を使用してデバイス（任意のアプリフォルダ）にアップロードし、iOS デバイスで「ファイル」アプリを開いて、アップロードしたファイルを「このiPhone内」フォルダに移動してください。その後、ファイルをタップして「設定」アプリに移動し、インポートしてください、または
3. ファイルを安全な Web サイトでホストし、ダウンロードして Mobile Safari にインポートしてください。

完了したら、「設定」->「一般」->「VPN とデバイス管理」または「プロファイル」の下に「IKEv2 VPN」がリストされていることを確認してください。

VPN に接続するには:

1. 最初に、「設定」->「VPN」に移動し、VPN サーバー IP（または DNS 名）でVPN 接続を選択してください。
2. そして、**VPN** スイッチをオンにしてください。

（オプション機能）オンデマンド接続 を有効にすると、iOS デバイスが Wi-Fi に接続しているときに VPN 接続が自動的に開始します。有効にするには、VPN 接続の右側にある「i」アイコンをタップし、オンデマンド接続 を有効にしてください。

VPN オンデマンドルールをカスタマイズして、自宅のネットワークなどの特定の Wi-Fi ネットワークを除外したり、Wi-Fi とセルラーの両方で VPN 接続を開始したりできます。第 4 章「ガイド: macOS および iOS の IKEv2 VPN オンデマンドルールのカスタマイズ」を参照してください。

接続したら、Google で IP アドレスを検索することで、トラフィックが適切にルーティングされていることを確認することが可能です。接続作業が完了すると、「パブリック IP アドレスは VPN サーバー IP です」と表示されます。

接続時にエラーが発生した場合は、セクション 7.2 IKEv2 のトラブルシューティングを参照してください。

▼ IKEv2 VPN 接続を削除します。

IKEv2 VPN 接続を削除するには、「設定」->「一般」->「VPN とデバイスの管理」または「プロファイル」を開き、追加した IKEv2 VPN プロファイルを削除します。

3.2.4 Android

3.2.4.1 strongSwan VPNクライアントの使用

スクリーンキャスト: Android strongSwan VPN クライアントを使用して接続するには
YouTubeで見る: https://youtu.be/i6j1N_7cI-w

Android ユーザーは、strongSwan VPN クライアントを使用して接続できます（推奨）。

1. 最初に、生成された .sswan ファイルを Android デバイスに安全に転送してください。
2. 次に、**Google Play** から strongSwan VPN クライアントをインストールしてください。
3. そして、strongSwan VPN クライアントを起動してください。
4. 続いて、右上の「その他のオプション」メニューをタップし、**Import VPN profile** をタップしてください。
5. さらに、VPN サーバーから転送した .sswan ファイルを選択してください。

   注: .sswan ファイルを見つけるには、3 行のメニューボタンをタップし、ファイルを保存した場所を参照してください。
6. その上で、「Import VPN profile」画面で、**Import certificate from VPN profile** をタップし、指示に従ってください。
7. 加えて、「証明書の選択」画面で、新しいクライアント証明書を選択し、選択 をタップしてください。
8. なおまた、**Import** をタップしてください。
9. 最後に、新しい VPN プロファイルをタップして接続してください。

（オプション機能）Android で「常時接続 VPN」機能を有効にすることが可能です。設定 アプリを起動し、「ネットワークとインターネット」-> 「詳細設定」->「VPN」の順に移動し、「strongSwan VPN クライアント」の右側にある歯車アイコンをクリックして、**常時接続 VPN** および **VPN以外**の接続のブロック オプションを有効にしてください。

接続したら、Google で IP アドレスを検索することで、トラフィックが適切にルーティングされていることを確認することが可能です。接続作業が完了すると、「パブリック IP アドレスは VPN サーバー IP です」と表示されます。

接続時にエラーが発生した場合は、セクション 7.2 IKEv2 のトラブルシューティングを参照してください。

注: デバイスが Android 6.0（Marshmallow）以前を実行している場合、strongSwan VPN クライアントを使用して接続するには、VPN サーバーで次の変更を行う必要があります。サーバーの /etc/ipsec.d/ikev2.conf を編集します。conn ikev2-cp セクションの末尾に authby=rsa-sha1 を追加し、スペース 2 つでインデントします。ファイルを保存し、service ipsec restart を実行してください。

3.2.4.2 ネイティブ**IKEv2**クライアントの使用

スクリーンキャスト： Android 11 以降でネイティブ VPN クライアントを使用して接続するには
YouTubeで見る： https://youtu.be/Cai6k4GgkEE

Android 11 以降のユーザーは、ネイティブ IKEv2 クライアントを使用して接続することもできます。

1. 最初に、生成された .p12 ファイルを Android デバイスに安全に転送してください。
2. 次に、設定 アプリケーションを起動してください。
3. そして、「セキュリティ」->「詳細設定」->「暗号化と資格情報」に移動してください。
4. 続いて、証明書をインストール をタップしてください。
5. さらに、**VPN** とアプリのユーザー証明書 をタップしてください。
6. その上で、VPN サーバーから転送した .p12 ファイルを選択します。
   注： .p12 ファイルを見つけるには、3 行のメニューボタンをタップし、ファイルを保存した場所を参照してください。
7. 加えて、証明書の名前を入力し、**OK** をタップしてください。
8. なおまた、「設定」->「ネットワークとインターネット」->「VPN」に移動し、「+」ボタンをタップしてください。
9. 加えて、VPN プロファイルの名前を入力してください。
10. なおまた、タイプ ドロップダウンメニューから **IKEv2/IPSec RSA** を選択してください。
11. 加えて、サーバーアドレス に VPN サーバー IP（または DNS 名）を入力してください。
    注： これは、IKEv2 ヘルパースクリプトの出力内のサーバーアドレスと完全に一致 する必要があります。
12. なおまた、**IPSec 識別子** に任意の名前を入力してください。
    注： このフィールドは必須ではありません。これは Android のバグです。
13. 加えて、**IPSec ユーザー証明書** ドロップダウンメニューからインポートした証明書を選択してください。
14. なおまた、**IPSec CA 証明書** ドロップダウンメニューからインポートした証明書を選択してください。
15. 加えて、**IPSec サーバー証明書** ドロップダウンメニューから （サーバーから受信） を選択してください。

16. 最後に、保存 をタップします。次に、新しい VPN 接続をタップし、接続 をタップしてください。

接続したら、Google で IP アドレスを検索することで、トラフィックが適切にルーティングされていることを確認することが可能です。接続作業が完了すると、「パブリック IP アドレスは VPN サーバー IP です」と表示されます。

接続時にエラーが発生した場合は、セクション 7.2 IKEv2 のトラブルシューティングを参照してください。

3.2.5 Chrome OS

まず、VPN サーバーで CA 証明書を `ca.cer` としてエクスポートしてください。

```
sudo certutil -L -d sql:/etc/ipsec.d \
  -n "IKEv2 VPN CA" -a -o ca.cer
```

生成された `.p12` および `ca.cer` ファイルを Chrome OS デバイスに安全に転送してください。

ユーザー証明書と CA 証明書をインストールしてください。

1. 最初に、Google Chrome で新しいタブを開きます。
2. 次に、アドレスバーに次のように入力してください。
   chrome://settings/certificates
3. （重要）そして、インポート ではなく インポートしてバインド をクリックしてください。
4. 続いて、開いたボックスで、VPN サーバーから転送した `.p12` ファイルを選択し、開く を選択してください。
5. さらに、証明書にパスワードがない場合は、**OK** をクリックしてください。パスワードがある場合は、証明書のパスワードを入力してください。
6. その上で、認証局 タブをクリックしてください。次に、インポート をクリックしてください。
7. 加えて、開いたボックスの左下にあるドロップダウンメニューで すべてのファイル を選択してください。

8. なおまた、VPN サーバーから転送した `ca.cer` ファイルを選択し、開く を選択してください。

9. 最後に、デフォルトのオプションをそのままにして、**OK** をクリックしてください。

新しい VPN 接続を追加してください。

1. 最初に、「設定」->「ネットワーク」に移動してください。

2. 次に、接続を追加 をクリックし、組み込みの **VPN** を追加 をクリックしてください。

3. そして、サービス名 に任意の名前を入力してください。

4. 続いて、プロバイダの種類 ドロップダウンメニューで **IPsec (IKEv2)** を選択してください。

5. さらに、サーバーのホスト名 に VPN サーバー IP（または DNS 名）を入力してください。

6. その上で、認証タイプ ドロップダウンメニューで ユーザー証明書 を選択してください。

7. 加えて、サーバーの **CA** 証明書 ドロップダウンメニューで **IKEv2 VPN CA [IKEv2 VPN CA]** を選択してください。

8. なおまた、ユーザー証明書 ドロップダウンメニューで **IKEv2 VPN CA [クライアント名]** を選択してください。

9. 加えて、他のフィールドは空白のままにしてください。

10. なおまた、**ID** とパスワードを保存する を有効にしてください。

11. 最後に、接続をクリックしてください。

接続すると、ネットワークステータスアイコンに VPN アイコンがオーバーレイ表示されます。Google で IP アドレスを検索することで、トラフィックが適切にルーティングされていることを確認することが可能です。接続作業が完了すると、「パブリック IP アドレスは VPN サーバー IP です」と表示されます。

（オプション機能）Chrome OS で「常時接続 VPN」機能を有効にすることが可能です。この設定を管理するには、[設定] -> [ネットワーク] に移動し、**VPN** をクリックしてください。

接続時にエラーが発生した場合は、セクション 7.2 IKEv2 のトラブルシューティングを参照してください。

3.2.6 Linux

Linux VPN クライアントを構成する前に、VPN サーバーで次の変更を行う必要があります。サーバーの /etc/ipsec.d/ikev2.conf を編集します。conn ikev2-cp セクションの末尾に authby=rsa-sha1 を追加し、スペース 2 つでインデントします。ファイルを保存し、service ipsec restart を実行してください。

Linux コンピュータを VPN クライアントとして IKEv2 に接続するように構成するには、まず NetworkManager の strongSwan プラグインをインストールします。

```
# Ubuntu と Debian
sudo apt-get update
sudo apt-get install network-manager-strongswan


# Arch Linux
sudo pacman -Syu # すべてのパッケージをアップグレードします
sudo pacman -S networkmanager-strongswan


# Fedora
sudo yum インストール NetworkManager-strongswan-gnome


# CentOS
sudo yum install epel-release
sudo yum --enablerepo=epel install NetworkManager-strongswan-gnome
```

次に、生成された .p12 ファイルを VPN サーバーから Linux コンピューターに安全に転送します。その後、CA 証明書、クライアント証明書、および秘密キーを抽出します。以下の例の vpnclient.p12 を、実際の .p12 ファイルの名前に置き換えます。

```
# 例: CA 証明書、クライアント証明書、および秘密キーを抽出します。終了したら、.p12 ファイルを削除できます。
# 注: IKEv2 ヘルパースクリプトの出力で確認できるインポートパスワードを入力する必要がある場合があります。出力にインポートパスワードが含まれていない場合は、Enter キーを押して続行します。
# 注: OpenSSL 3.x を使用している場合 (「openssl version」を実行して確認します)、以下の 3 つのコマンドに「-legacy」を追加します。
```

```
openssl pkcs12 -in vpnclient.p12 -cacerts -nokeys -out ca.cer
openssl pkcs12 -in vpnclient.p12 -clcerts -nokeys -out client.cer
openssl pkcs12 -in vpnclient.p12 -nocerts -nodes  -out client.key
rm vpnclient.p12
```

```
# （重要）証明書と秘密鍵ファイルを保護する
# 注: この手順はオプションですが、強くお勧めします。
sudo chown root:root ca.cer client.cer client.key
sudo chmod 600 ca.cer client.cer client.key
```

その後、VPN 接続を設定して有効にすることが可能です。

1. 「設定」->「ネットワーク」->「VPN」に移動します。「+」ボタンをクリックしてください。
2. **IPsec/IKEv2 (strongswan)** を選択してください。
3. 名前 フィールドに任意の名前を入力してください。
4. ゲートウェイ（サーバー）セクションで、アドレス に「VPN サーバーIP」（または DNS 名）を入力してください。
5. 証明書 の ca.cer ファイルを選択してください。
6. クライアント セクションで、認証 ドロップダウンメニューから 証明書（/秘密キー）を選択してください。
7. 証明書 ドロップダウンメニューで 証明書/秘密キー を選択します（存在する場合）。
8. 証明書（ファイル）として client.cer ファイルを選択してください。
9. 秘密鍵 の client.key ファイルを選択してください。
10. オプション セクションで、内部 **IP** アドレスを要求する チェックボックスをオンにしてください。
11. 暗号提案（アルゴリズム）セクションで、カスタム提案を有効にする チェックボックスをオンにしてください。
12. **IKE** フィールドを空白のままにしてください。
13. **ESP** フィールドに「aes128gcm16」と入力してください。
14. 追加 をクリックして、VPN 接続情報を保存してください。
15. **VPN** スイッチをオンにしてください。

あるいは、コマンドラインを使用して接続することもできます。手順の例については、次のリンクを参照してください。
https://github.com/hwdsl2/setup-ipsec-vpn/issues/1399
https://github.com/hwdsl2/setup-ipsec-vpn/issues/1007

「Could not find source connection」というエラーが発生した場合は、「/etc/netplan/01-netcfg.yaml」を編集し、「renderer: networkd」を「renderer: NetworkManager」に置き換えてから、「sudo netplan apply」を実行してください。VPN に接続するには、「sudo nmcli c up VPN」を実行してください。切断するには、「sudo nmcli c down VPN」を実行してください。

接続したら、Google で IP アドレスを検索することで、トラフィックが適切にルーティングされていることを確認することが可能です。接続作業が完了すると、「パブリック IP アドレスは VPN サーバー IP です」と表示されます。

接続時にエラーが発生した場合は、セクション 7.2 IKEv2 のトラブルシューティングを参照してください。

3.2.7 MikroTik RouterOS

上級ユーザーは、MikroTik RouterOS で IKEv2 VPN を設定できます。詳細については、IKEv2 ガイドの「RouterOS」セクションを参照してください:

https://github.com/hwdsl2/setup-ipsec-vpn/blob/master/docs/ikev2-howto.md#routeros

3.3 IKEv2 クライアントの管理

VPN サーバーをセットアップしたら、このセクションの手順に従って IKEv2 VPN クライアントを管理することが可能です。

たとえば、追加のコンピューターやモバイルデバイス用にサーバーに新しい IKEv2 クライアントを追加したり、既存のクライアントを一覧表示したり、既存のクライアントの構成をエクスポートしたりすることが可能です。

IKEv2 クライアントを管理するには、まず SSH を使用して VPN サーバーに接続し、次を実行してください。

```
sudo ikev2.sh
```

次のオプションが表示されます。

```
IKEv2 is already set up on this server.

Select an option:
  1) Add a new client
  2) Export config for an existing client
  3) List existing clients
  4) Revoke an existing client
  5) Delete an existing client
  6) Remove IKEv2
  7) Exit
```

次に、IKEv2 クライアントを管理するための必要なオプションを入力する
ことが可能です。

注: これらのオプションは、スクリプトの新しいバージョンでは変更され
る可能性があります。必要なオプションを選択する前に、よくお読みくださ
い。

あるいは、コマンドラインオプションを使用して ikev2.sh を実行すること
も可能です。詳細については以下を参照してください。

3.3.1 新しいIKEv2クライアントを追加するには

新しい IKEv2 クライアントを追加するには:

1. メニューからオプション 1 を選択するには、「1」と入力して Enter キー
   を押してください。
2. 次に、新しいクライアントの名前を入力してください。
3. そして、新しいクライアント証明書の有効期間を指定てください。

あるいは、--addclient オプションを指定して ikev2.sh を実行することも
可能です。使用方法を表示するには、オプション -h を使用してください。

sudo ikev2.sh --addclient [クライアント名]

次の手順: IKEv2 VPN クライアントの構成。詳細については、セクション
3.2 を参照してください。

3.3.2 既存のクライアントをエクスポートするには

既存のクライアントの IKEv2 構成をエクスポートするには:

1. メニューからオプション 2 を選択し、2 と入力して Enter キーを押して
   ください。
2. 次に、既存のクライアントのリストから、エクスポートするクライアン
   トの名前を入力してください。

あるいは、--exportclient オプションを指定して ikev2.sh を実行すること
も可能です。

```
sudo ikev2.sh --exportclient [クライアント名]
```

3.3.3 既存のクライアントを一覧表示するには

メニューからオプション 3 を選択し、3 と入力して Enter キーを押してくだ
さい。スクリプトによって既存の IKEv2 クライアントのリストが表示され
ます。

あるいは、--listclients オプションを指定して ikev2.sh を実行すること
も可能です。

```
sudo ikev2.sh --listclients
```

3.3.4 IKEv2 クライアントを取り消すには

特定の状況では、以前に生成された IKEv2 クライアント証明書を取り消す
必要があります。

1. メニューからオプション 4 を選択し、4 と入力して Enter キーを押して
   ください。
2. 次に、既存のクライアントのリストから、取り消すクライアントの名前
   を入力してください。
3. そして、クライアントの失効を確認してください。

あるいは、--revokeclient オプションを指定して ikev2.sh を実行すること
も可能です。

```
sudo ikev2.sh --revokeclient [クライアント名]
```

3.3.5 IKEv2 クライアントを削除するには

重要: IPsec データベースからクライアント証明書を削除しても、VPN ク
ライアントがその証明書を使用して接続できなくなることはありません。こ
のユースケースでは、クライアント証明書を削除するのではなく、取り消す
必要があります。

警告: クライアント証明書と秘密キーは永久に削除されます。これは元に
戻すことはできません。

既存の IKEv2 クライアントを削除するには:

1. メニューからオプション 5 を選択するには、5 と入力して Enter キーを
   押してください。
2. 次に、既存のクライアントのリストから、削除するクライアントの名前
   を入力してください。
3. そして、クライアントの削除を確認してください。

あるいは、--deleteclient オプションを指定して ikev2.sh を実行すること
も可能です。

```
sudo ikev2.sh --deleteclient [クライアント名]
```

▼ または、クライアント証明書を手動で削除することもできます。

1. IPsec データベース内の証明書を一覧表示してください。

   ```
   certutil -L -d sql:/etc/ipsec.d
   ```

   出力例:

   ```
   Certificate Nickname   Trust Attributes
                          SSL,S/MIME,JAR/XPI

   IKEv2 VPN CA           CTu,u,u
   ($PUBLIC_IP)           u,u,u
   vpnclient              u,u,u
   ```

2. クライアント証明書と秘密キーを削除します。以下の「Nickname」
   を、削除するクライアント証明書のニックネームに置き換えます（例:
   vpnclient）。

40

```
certutil -F -d sql:/etc/ipsec.d -n "Nickname"
certutil -D -d sql:/etc/ipsec.d -n "Nickname" 2>/dev/null
```

3. （オプション）この VPN クライアント用に以前に生成されたクライア
   ント構成ファイル（`.p12`、`.mobileconfig`、および `.sswan` ファイル）が
   ある場合は削除してください。

3.4 IKEv2サーバーアドレスの変更

状況によっては、セットアップ後に IKEv2 サーバーアドレスを変更する必
要がある場合があります。たとえば、DNS 名を使用するように切り替える
場合や、サーバー IP が変更された場合などです。VPN クライアントデバイ
スで指定するサーバーアドレスは、IKEv2 ヘルパースクリプトの出力のサ
ーバーアドレスと 完全に一致 している必要があることに注意してくださ
い。一致していないと、デバイスが接続できない場合があります。

サーバーアドレスを変更するには、ヘルパースクリプトを実行し、プロンプ
トに従います。

```
wget https://get.vpnsetup.net/ikev2addr -O ikev2addr.sh
sudo bash ikev2addr.sh
```

重要: このスクリプトを実行した後、既存の IKEv2 クライアントデバイス
でサーバーアドレス（および該当する場合はリモート ID）を手動で更新す
る必要があります。iOS クライアントの場合は、`sudo ikev2.sh` を実行して
更新されたクライアント構成ファイルをエクスポートし、iOS デバイスにイ
ンポートする必要があります。

3.5 IKEv2ヘルパースクリプトの更新

IKEv2 ヘルパースクリプトは、バグ修正や改善のために随時更新されま
す。コミットログについては、次のリンクを参照してください。
https://github.com/hwdsl2/setup-ipsec-
vpn/commits/master/extras/ikev2setup.sh

新しいバージョンが利用可能になったら、オプションでサーバー上の
IKEv2 ヘルパースクリプトを更新できます。これらのコマンドは既存の
`ikev2.sh` を上書きすることに注意してください。

```
wget https://get.vpnsetup.net/ikev2 -O /opt/src/ikev2.sh
chmod +x /opt/src/ikev2.sh \
  && ln -s /opt/src/ikev2.sh /usr/bin 2>/dev/null
```

3.6 ヘルパースクリプトを使用してIKEv2を設定する

注: デフォルトでは、VPN セットアップスクリプトを実行すると IKEv2 が自動的にセットアップされます。このセクションをスキップして、セクション 3.2「IKEv2 VPN クライアントの構成」に進むことができます。

重要: 続行する前に、自前の VPN サーバーを正常にセットアップしておく必要があります。Docker ユーザーは、セクション 11.9「IKEv2 VPN の設定と使用」を参照してください。

このヘルパースクリプトを使用して、VPN サーバー上で IKEv2 を自動的に設定します。

```
# デフォルトオプションを使用してIKEv2を設定する
sudo ikev2.sh --auto
# あるいは、IKEv2オプションをカスタマイズすることもできます
sudo ikev2.sh
```

注: IKEv2 がすでに設定されているが、IKEv2 オプションをカスタマイズする場合は、まず IKEv2 を削除し、次に sudo ikev2.sh を使用して再度設定します。

完了したら、セクション 3.2「IKEv2 VPN クライアントの構成」に進みます。上級ユーザーは、オプションで IKEv2 専用モードを有効にできます。詳細については、セクション 8.3 を参照してください。

▼ オプションで、DNS 名、クライアント名、カスタム DNS サーバーを指定することもできます。

IKEv2 セットアップを自動モードで実行する場合、上級ユーザーはオプションで IKEv2 サーバーアドレスの DNS 名を指定できます。DNS 名は完全修飾ドメイン名（FQDN）である必要があります。例:

```
sudo VPN_DNS_NAME='vpn.example.com' ikev2.sh --auto
```

同様に、最初の IKEv2 クライアントの名前を指定することもできます。指定しない場合は、デフォルトは vpnclient になります。

```
sudo VPN_CLIENT_NAME='クライアント名' ikev2.sh --auto
```

デフォルトでは、VPN がアクティブな場合、IKEv2 クライアントは Google Public DNS を使用するように設定されています。IKEv2 にカスタム DNS サーバーを指定することもできます。例:

```
sudo VPN_DNS_SRV1=1.1.1.1 VPN_DNS_SRV2=1.0.0.1 ikev2.sh --auto
```

デフォルトでは、IKEv2 クライアント構成をインポートするときにパスワードは必要ありません。ランダムパスワードを使用してクライアント構成ファイルを保護することを選択できます。

```
sudo VPN_PROTECT_CONFIG=yes ikev2.sh --auto
```

IKEv2 スクリプトの使用情報を表示するには、サーバー上で sudo ikev2.sh -h を実行してください。

3.7 IKEv2を手動で設定する

ヘルパースクリプトを使用する代わりに、上級ユーザーは VPN サーバー上で IKEv2 を手動で設定できます。続行する前に、Libreswan を最新バージョンに更新することをお勧めします(セクション 2.7 を参照)。

IKEv2 を手動で設定する手順の例を表示します。
https://github.com/hwdsl2/setup-ipsec-vpn/blob/master/docs/ikev2-howto.md#manually-set-up-ikev2

3.8 IKEv2を削除する

VPN サーバーから IKEv2 を削除したいが、IPsec/L2TP および IPsec/XAuth(「Cisco IPsec」)モード(インストールされている場合)は保持したい場合は、ヘルパースクリプトを実行してください。**警告:** 証明書とキーを含むすべての IKEv2 構成は**永久**に**削除**されます。これは元に戻すことはできません。

```
sudo ikev2.sh --removeikev2
```

IKEv2 を削除した後、再度設定する場合は、セクション 3.6「ヘルパースクリプトを使用して IKEv2 を設定する」を参照してください。

▼ あるいは、IKEv2 を手動で削除することもできます。

VPN サーバーから IKEv2 を手動で削除し、IPsec/L2TP および IPsec/XAuth（「Cisco IPsec」）モードを維持するには、次の手順に従います。コマンドは root として実行する必要があります。

警告: 証明書とキーを含むすべての IKEv2 構成は 永久に 削除されます。 これは 元に戻すことはできません。

1. IKEv2 設定ファイルの名前を変更（または削除）してください。

   ```
   mv /etc/ipsec.d/ikev2.conf /etc/ipsec.d/ikev2.conf.bak
   ```

2. （重要）**IPsec** サービスを再起動します:

   ```
   service ipsec restart
   ```

3. IPsec データベース内の証明書を一覧表示してください。

   ```
   certutil -L -d sql:/etc/ipsec.d
   ```

   出力例:

   ```
   Certificate Nickname      Trust Attributes
                             SSL,S/MIME,JAR/XPI

   IKEv2 VPN CA              CTu,u,u
   ($PUBLIC_IP)              u,u,u
   vpnclient                 u,u,u
   ```

4. 証明書失効リスト（CRL）がある場合は削除してください。

   ```
   crlutil -D -d sql:/etc/ipsec.d -n "IKEv2 VPN CA" 2>/dev/null
   ```

5. 証明書とキーを削除します。以下の「Nickname」を各証明書のニックネームに置き換えます。各証明書に対してこれらのコマンドを繰り返します。完了したら、IPsec データベース内の証明書を再度リストし、リストが空であることを確認してください。

```
certutil -F -d sql:/etc/ipsec.d -n "Nickname"
certutil -D -d sql:/etc/ipsec.d -n "Nickname" 2>/dev/null
```

4 ガイド：**macOS**および**iOS**の**IKEv2 VPN**オンデマンドルールをカスタマイズする

4.1 導入

VPN オンデマンドは、macOS および iOS（iPhone/iPad）のオプション機能です。この機能により、デバイスはさまざまな基準に基づいて IKEv2 VPN 接続を自動的に開始または停止できます。セクション 3.2「IKEv2 VPN クライアントの構成」を参照してください。

デフォルトでは、IKEv2 スクリプトによって作成された VPN オンデマンドルールは、デバイスが Wi-Fi（キャプティブポータル検出付き）上にあるときに自動的に VPN 接続を開始し、セルラー上にあるときに接続を停止します。これらのルールをカスタマイズして、ホームネットワークなどの特定の Wi-Fi ネットワークを除外したり、Wi-Fi とセルラーの両方で VPN 接続を開始したりできます。

4.2 VPNオンデマンドルールをカスタマイズする

すべての新しい IKEv2 クライアントの VPN オンデマンドルールをカスタマイズするには、VPN サーバー上の **/opt/src/ikev2.sh** を編集し、デフォルトのルールを以下の例のいずれかに置き換えます。その後、「sudo ikev2.sh」を実行して、新しいクライアントを追加したり、既存のクライアントの構成を再エクスポートしたりできます。

特定の IKEv2 クライアントのルールをカスタマイズするには、そのクライアント用に生成された **.mobileconfig** ファイルを編集します。その後、VPN クライアントデバイスから既存のプロファイル（存在する場合）を削除し、更新されたプロファイルをインポートします。

参考までに、IKEv2 スクリプトのデフォルトのルールは次のとおりです。

```
<key>OnDemandRules</key>
<array>
  <dict>
    <key>InterfaceTypeMatch</key>
```

```
    <string>WiFi</string>
    <key>URLStringProbe</key>
    <string>http://captive.apple.com/hotspot-detect.html</string>
    <key>Action</key>
    <string>Connect</string>
  </dict>
  <dict>
    <key>InterfaceTypeMatch</key>
    <string>Cellular</string>
    <key>Action</key>
    <string>Disconnect</string>
  </dict>
  <dict>
    <key>Action</key>
    <string>Ignore</string>
  </dict>
</array>
```

例 1: 特定の Wi-Fi ネットワークを VPN オンデマンドから除外します。

```
<key>OnDemandRules</key>
<array>
  <dict>
    <key>InterfaceTypeMatch</key>
    <string>WiFi</string>
    <key>SSIDMatch</key>
    <array>
      <string>YOUR_WIFI_NETWORK_NAME</string>
    </array>
    <key>Action</key>
    <string>Disconnect</string>
  </dict>
  <dict>
    <key>InterfaceTypeMatch</key>
    <string>WiFi</string>
    <key>URLStringProbe</key>
    <string>http://captive.apple.com/hotspot-detect.html</string>
    <key>Action</key>
```

```
      <string>Connect</string>
    </dict>
    <dict>
      <key>InterfaceTypeMatch</key>
      <string>Cellular</string>
      <key>Action</key>
      <string>Disconnect</string>
    </dict>
    <dict>
      <key>Action</key>
      <string>Ignore</string>
    </dict>
</array>
```

デフォルトのルールと比較して、この例では次の部分が追加されています。

```
··· ···
    <dict>
      <key>InterfaceTypeMatch</key>
      <string>WiFi</string>
      <key>SSIDMatch</key>
      <array>
        <string>YOUR_WIFI_NETWORK_NAME</string>
      </array>
      <key>Action</key>
      <string>Disconnect</string>
    </dict>
··· ···
```

注: 除外する Wi-Fi ネットワークが複数ある場合は、上記の「SSIDMatch」セクションに行を追加します。例:

```
<array>
  <string>YOUR_WIFI_NETWORK_NAME_1</string>
  <string>YOUR_WIFI_NETWORK_NAME_2</string>
</array>
```

例 2: Wi-Fi に加えて、携帯電話でも VPN 接続を開始してください。

```
<key>OnDemandRules</key>
<array>
  <dict>
    <key>InterfaceTypeMatch</key>
    <string>WiFi</string>
    <key>URLStringProbe</key>
    <string>http://captive.apple.com/hotspot-detect.html</string>
    <key>Action</key>
    <string>Connect</string>
  </dict>
  <dict>
    <key>InterfaceTypeMatch</key>
    <string>Cellular</string>
    <key>Action</key>
    <string>Connect</string>
  </dict>
  <dict>
    <key>Action</key>
    <string>Ignore</string>
  </dict>
</array>
```

この例では、デフォルトのルールと比較してこの部分が変更されています。

```
... ...
  <dict>
    <key>InterfaceTypeMatch</key>
    <string>Cellular</string>
    <key>Action</key>
    <string>Connect</string>
  </dict>
... ...
```

VPN オンデマンドルールの詳細については、Apple のドキュメント (https://developer.apple.com/documentation/devicemanagement/vpn/vpn/ondemandruleselement) を参照してください。

5 IPsec/L2TP VPNクライアントの構成

自前のVPNサーバーを設定したら、次の手順に従ってデバイスを構成します。IPsec/L2TPは、Android、iOS、macOS、Windowsでネイティブにサポートされています。追加のソフトウエアをインストールする必要はありません。セットアップには数分しかかかりません。接続できない場合は、まずVPN資格情報が正しく入力されているかどうかを確認してください。

- プラットフォーム
- Windows
- macOS
- Android
- iOS（iPhone/iPad）
- Chrome OS（Chromebook）
- Linux

5.1 Windows

IKEv2モードを使用して接続することもできます（推奨）。

5.1.1 Windows 11+

1. システムトレイのワイヤレス/ネットワークアイコンを右クリックしてください。
2. ネットワークとインターネットの設定 を選択し、開いたページで**VPN**をクリックしてください。
3. **VPN**の追加 ボタンをクリックしてください。
4. **VPN**プロバイダー ドロップダウンメニューで **Windows**（組み込み）を選択してください。
5. 接続名フィールドに任意の名前を入力してください。
6. サーバー名またはアドレス フィールドに「VPNサーバーIP」を入力してください。
7. **VPN**タイプ ドロップダウンメニューで 事前共有キーを使用した **L2TP/IPsec** を選択してください。
8. 事前共有キーフィールドに「VPN IPsec PSK」を入力してください。

9. ユーザー名 フィールドに「VPN ユーザー名」を入力してください。

10. パスワード フィールドに「VPN パスワード」を入力してください。

11. サインイン情報を記憶する チェックボックスをオンにしてください。

12. 保存 をクリックして、VPN 接続の詳細を保存してください。

注： VPN サーバーおよび/またはクライアントが NAT（例: 家庭用ルーター）の背後にある場合は、この一度だけレジストリを変更（セクション 7.3.1 を参照）が必要です。

VPN に接続するには、接続 ボタンをクリックするか、システムトレイのワイヤレス/ネットワークアイコンをクリックして、**VPN** をクリックし、新しい VPN エントリを選択して、接続 をクリックしてください。プロンプトが表示されたら、**VPN ユーザー名** と **パスワード** を入力し、**OK** をクリックします。Google で IP アドレスを検索することで、トラフィックが適切にルーティングされていることを確認することが可能です。接続作業が完了すると、「パブリック IP アドレスは VPN サーバー IP です」と表示されます。

接続時にエラーが発生した場合は、セクション 7.3 IKEv1 のトラブルシューティングを参照してください。

5.1.2 Windows 10および8

1. システムトレイのワイヤレス/ネットワークアイコンを右クリックしてください。

2. ネットワークとインターネットの設定を開く を選択し、開いたページでネットワークと共有センター をクリックしてください。

3. 新しい接続またはネットワークのセットアップ をクリックしてください。

4. 職場に接続 を選択し、次へ をクリックしてください。

5. インターネット接続（**VPN**）を使用する をクリックしてください。

6. インターネットアドレス フィールドに「VPN サーバーの IP」を入力してください。

7. 宛先名 フィールドに任意の名前を入力し、作成 をクリックしてください。

8. ネットワークと共有センター に戻ります。左側で、アダプターの設定の変更 をクリックしてください。

9. 新しい VPN エントリを右クリックし、プロパティ を選択してください。

10. セキュリティ タブをクリックします。**VPN** の種類 として「IPsec を使用したレイヤー 2 トンネリングプロトコル（L2TP/IPSec）」を選択してください。
11. これらのプロトコルを許可する をクリックします。「チャレンジハンドシェイク認証プロトコル（CHAP）」および「Microsoft CHAP バージョン 2（MS-CHAP v2）」チェックボックスをオンにしてください。
12. 詳細設定 ボタンをクリックしてください。
13. 認証に事前共有キーを使用する を選択し、キー に「VPN IPsec PSK」を入力してください。
14. **OK** をクリックして 詳細設定 を閉じます。
15. **OK** をクリックして、VPN 接続の詳細を保存してください。

注：VPN サーバーおよび/またはクライアントが NAT（例：家庭用ルーター）の背後にある場合は、この一度だけレジストリを変更（セクション 7.3.1 を参照）が必要です。

VPN に接続するには、システムトレイのワイヤレス/ネットワークアイコンをクリックし、新しい VPN エントリを選択して、接続 をクリックしてください。プロンプトが表示されたら、[VPN ユーザー名] と [パスワード] を入力して、**OK** をクリックします。Google で IP アドレスを検索すると、トラフィックが適切にルーティングされていることを確認できます。「パブリック IP アドレスは [VPN サーバー IP] です」と表示されます。

接続時にエラーが発生した場合は、セクション 7.3 IKEv1 のトラブルシューティングを参照してください。

または、上記の手順に従う代わりに、次の Windows PowerShell コマンドを使用して VPN 接続を作成することもできます。VPNサーバーのIP と あなたの IPsec事前共有キー を、単一引用符で囲んだ独自の値に置き換えます。

```
# 永続的なコマンド履歴を無効にする
Set-PSReadlineOption -HistorySaveStyle SaveNothing
# VPN接続を作成する
Add-VpnConnection -Name 'My IPsec VPN' `
    -ServerAddress 'VPNサーバーのIP' `
    -L2tpPsk 'あなたのIPsec事前共有キー' -TunnelType L2tp `
    -EncryptionLevel Required `
    -AuthenticationMethod Chap,MSChapv2 -Force `
```

```
 -RememberCredential -PassThru
```
データ暗号化の警告を無視します（データは IPsec トンネルで暗号化されます）

5.1.3 Windows 7、Vista、XP

1. スタートメニューをクリックし、コントロールパネルに移動してください。

2. ネットワークとインターネット セクションに移動してください。

3. ネットワークと共有センターをクリックしてください。

4. 新しい接続またはネットワークのセットアップ をクリックしてください。

5. 職場に接続 を選択し、次へ をクリックしてください。

6. インターネット接続（**VPN**）を使用する をクリックしてください。

7. インターネットアドレス フィールドに「VPN サーバーの IP」を入力してください。

8. 宛先名 フィールドに任意の名前を入力してください。

9. [今は接続しないで、後で接続できるように設定する] チェックボックスをオンにしてください。

10. 次へをクリックしてください。

11. ユーザー名 フィールドに「VPN ユーザー名」を入力してください。

12. パスワード フィールドに「VPN パスワード」を入力してください。

13. 「このパスワードを記憶する」チェックボックスをオンにしてください。

14. 作成 をクリックし、閉じる をクリックしてください。

15. ネットワークと共有センター に戻ります。左側で、アダプターの設定の変更 をクリックしてください。

16. 新しい VPN エントリを右クリックし、プロパティ を選択してください。

17. オプション タブをクリックし、**Windows** ログオンドメインを含める のチェックを外してください。

18. セキュリティ タブをクリックします。**VPN** の種類 として「IPsec を使用したレイヤー 2 トンネリングプロトコル（L2TP/IPSec）」を選択してください。

19. これらのプロトコルを許可する をクリックします。「チャレンジハンドシェイク認証プロトコル（CHAP）」および「Microsoft CHAP バージョン 2（MS-CHAP v2）」チェックボックスをオンにしてください。

20. 詳細設定 ボタンをクリックしてください。

21. 認証に事前共有キーを使用する を選択し、キー に「VPN IPsec PSK」を
入力してください。
22. **OK** をクリックして 詳細設定 を閉じます。
23. **OK** をクリックして、VPN 接続の詳細を保存してください。

注： VPN サーバーおよび/またはクライアントが NAT（例：家庭用ルータ
ー）の背後にある場合は、この一度だけレジストリを変更（セクション
7.3.1 を参照）が必要です。

VPN に接続するには、システムトレイのワイヤレス/ネットワークアイコン
をクリックし、新しい VPN エントリを選択して、接続 をクリックしてくだ
さい。プロンプトが表示されたら、[VPN ユーザー名] と [パスワード] を入
力して、**OK** をクリックします。Google で IP アドレスを検索すると、トラ
フィックが適切にルーティングされていることを確認できます。「パブリッ
ク IP アドレスは [VPN サーバー IP] です」と表示されます。

接続時にエラーが発生した場合は、セクション 7.3 IKEv1 のトラブルシュー
ティングを参照してください。

5.2 macOS

5.2.1 macOS 13（Ventura）以降

> IKEv2（推奨）または IPsec/XAuth モードを使用して接続すること も
> できます。

1. システム設定 を開き、ネットワーク セクションに移動してください。
2. ウィンドウの右側にある**VPN**をクリックしてください。
3. **VPN** 構成の追加 ドロップダウンメニューをクリックし、**L2TP over
IPSec** を選択してください。
4. 開いたウィンドウで、表示名 に任意の名前を入力してください。
5. 構成 を デフォルト のままにしてください。
6. サーバーアドレス に「VPN サーバー IP」を入力してください。
7. アカウント名 に「VPN ユーザー名」を入力してください。
8. ユーザー認証 ドロップダウンメニューから パスワード を選択してくだ
さい。
9. パスワードに「VPN パスワード」を入力してください。

10. マシン認証 ドロップダウンメニューから 共有シークレット を選択して
    ください。

11. 共有シークレット に「VPN IPsec PSK」を入力してください。

12. グループ名 フィールドは空白のままにしてください。

13. （重要）［オプション］タブをクリックし、［すべてのトラフィックを
    VPN接続経由で送信］トグルがオンになっていることを確認してくださ
    い。

14. （重要）［TCP/IP］タブをクリックし、［IPv6の構成］ドロップダウンメ
    ニューから［リンクローカルのみ］を選択してください。

15. 作成 をクリックしてVPN構成を保存してください。

16. メニューバーにVPNステータスを表示し、ショートカットアクセスを
    利用するには、システム設定 の コントロールセンター セクションに移
    動します。一番下までスクロールし、**VPN** ドロップダウンメニューか
    ら［メニューバーに表示］を選択してください。

VPNに接続するには、メニューバーアイコンを使用するか、システム設定
の **VPN** セクションに移動して、VPN構成のスイッチを切り替えます。
GoogleでIPアドレスを検索することで、トラフィックが適切にルーティン
グされていることを確認することが可能です。接続作業が完了すると、「パ
ブリックIPアドレスはVPN サーバー IPです」と表示されます。

接続時にエラーが発生した場合は、セクション7.3 IKEv1のトラブルシュー
ティングを参照してください。

5.2.2 macOS 12（Monterey）以前

IKEv2（推奨）または IPsec/XAuth モードを使用して接続すること も
できます。

1. システム環境設定を開き、「ネットワーク」セクションに移動してくだ
   さい。

2. ウィンドウの左下隅にある「+」ボタンをクリックしてください。

3. インターフェース ドロップダウンメニューから **VPN** を選択してくださ
   い。

4. **VPN** タイプ ドロップダウンメニューから **L2TP over IPSec** を選択し
   てください。

5. サービス名 に任意の名前を入力してください。

6. 作成をクリックしてください。

7. サーバーアドレス に「VPN サーバー IP」を入力してください。

8. アカウント名 に「VPN ユーザー名」を入力してください。

9. 認証設定 ボタンをクリックしてください。

10. ユーザー認証 セクションで、パスワード ラジオボタンを選択し、「VPN パスワード」を入力してください。

11. マシン認証 セクションで、共有シークレット ラジオボタンを選択し、「VPN IPsec PSK」を入力してください。

12. **OK** をクリックしてください。

13. メニューバーに **VPN** ステータスを表示する チェックボックスをオンにしてください。

14. （重要）詳細設定 ボタンをクリックし、すべてのトラフィックを **VPN** 接続経由で送信 チェックボックスがオンになっていることを確認してください。

15. （重要）[TCP/IP] タブをクリックし、[IPv6 の構成] セクションで [リンクローカルのみ] が選択されていることを確認してください。

16. **OK** をクリックして詳細設定を閉じ、適用 をクリックして VPN 接続情報を保存してください。

VPN に接続するには、メニューバーアイコンを使用するか、システム環境設定のネットワークセクションに移動して VPN を選択し、接続 を選択します。Google で IP アドレスを検索することで、トラフィックが適切にルーティングされていることを確認することが可能です。接続作業が完了すると、「パブリック IP アドレスは VPN サーバー IP です」と表示されます。

接続時にエラーが発生した場合は、セクション 7.3 IKEv1 のトラブルシューティングを参照してください。

5.3 Android

重要：Android ユーザーは、より安全な IKEv2 モード（推奨）を使用して接続する必要があります。詳細については、セクション 3.2 を参照してください。Android 12 以降では、IKEv2 モードのみがサポートされています。Android のネイティブ VPN クライアントは、IPsec/L2TP および IPsec/XAuth（「Cisco IPsec」）モードに、安全性の低い modp1024（DH グループ 2）を使用してください。

引き続き IPsec/L2TP モードを使用して接続する場合は、まず VPN サーバーの /etc/ipsec.conf を編集する必要があります。ike=... 行を見つけて、最後に ,aes256-sha2;modp1024,aes128-sha1;modp1024 を追加します。ファイルを保存して service ipsec restart を実行してください。

Docker ユーザー： env ファイルに VPN_ENABLE_MODP1024=yes を追加し、Docker コンテナを再作成します。

その後、Android デバイスで以下の手順に従います。

1. 設定 アプリケーションを起動してください。
2. 「ネットワークとインターネット」をタップします。または、Android 7 以前を使用している場合は、無線とネットワーク セクションで その他... をタップしてください。
3. **VPN** をタップしてください。
4. 画面右上の**VPN** プロファイルの追加または「+」アイコンをタップしてください。
5. 名前 フィールドに任意の名前を入力してください。
6. タイプ ドロップダウンメニューで **L2TP/IPSec PSK** を選択してください。
7. サーバーアドレス フィールドに「VPN サーバー IP」を入力してください。
8. **L2TP** シークレット フィールドは空白のままにしてください。
9. **IPSec** 識別子 フィールドは空白のままにしてください。
10. **IPSec** 事前共有キー フィールドに「VPN IPsec PSK」を入力してください。
11. 保存をタップしてください。
12. 新しい VPN 接続をタップしてください。
13. ユーザー名 フィールドに「VPN ユーザー名」を入力してください。
14. パスワード フィールドに「VPN パスワード」を入力してください。
15. アカウント情報を保存する チェックボックスをオンにしてください。
16. 接続をタップしてください。

接続すると、通知バーに VPN アイコンが表示されます。Google で IP アドレスを検索することで、トラフィックが適切にルーティングされていることを確認することが可能です。接続作業が完了すると、「パブリック IP アドレスは VPN サーバー IP です」と表示されます。

接続時にエラーが発生した場合は、セクション 7.3 IKEv1 のトラブルシューティングを参照してください。

5.4 iOS

> IKEv2（推奨）または IPsec/XAuth モードを使用して接続することもできます。

1. 「設定」->「一般」->「VPN」に移動してください。
2. **VPN** 構成の追加**...** をタップしてください。
3. タイプをタップします。**L2TP**を選択して戻ります。
4. 説明 をタップして、好きな内容を入力してください。
5. サーバーをタップし、「VPNサーバーのIP」を入力してください。
6. アカウントをタップし、「VPNユーザー名」を入力してください。
7. パスワードをタップし、「VPNパスワード」を入力してください。
8. **Secret** をタップし、「あなたのIPsec事前共有キー」を入力してください。
9. すべてのトラフイックを送信 スイッチがオンになっていることを確認してください。
10. 完了をタップしてください。
11. **VPN** スイッチをオンにしてください。

接続すると、ステータスバーに VPN アイコンが表示されます。Google で IP アドレスを検索することで、トラフイックが適切にルーティングされていることを確認することが可能です。接続作業が完了すると、「パブリック IP アドレスは VPN サーバー IP です」と表示されます。

接続時にエラーが発生した場合は、セクション 7.3 IKEv1 のトラブルシューティングを参照してください。

5.5 Chrome OS

> IKEv2 モードを使用して接続することもできます（推奨）。

1. 「設定」->「ネットワーク」に移動してください。
2. 接続の追加 をクリックし、組み込み **VPN** の追加 をクリックしてください。
3. サービス名 に任意の名前を入力してください。

58

4. プロバイダーの種類 ドロップダウンメニューで **L2TP/IPsec** を選択してください。
5. サーバーホスト名 に「VPN サーバー IP」を入力してください。
6. 認証タイプ ドロップダウンメニューで 事前共有キー を選択してください。
7. ユーザー名 に「VPN ユーザー名」を入力してください。
8. パスワードに「VPN パスワード」を入力してください。
9. 事前共有キー に「VPN IPsec PSK」を入力してください。
10. 他のフィールドは空白のままにしてください。
11. **ID** とパスワードを保存 を有効にしてください。
12. 接続をクリックしてください。

接続すると、ネットワークステータスアイコンに VPN アイコンがオーバーレイ表示されます。Google で IP アドレスを検索することで、トラフィックが適切にルーティングされていることを確認することが可能です。接続作業が完了すると、「パブリック IP アドレスは VPN サーバー IP です」と表示されます。

接続時にエラーが発生した場合は、セクション 7.3 IKEv1 のトラブルシューティングを参照してください。

5.6 Linux

> IKEv2 モードを使用して接続することもできます（推奨）。

5.6.1 Ubuntu Linux

Ubuntu 18.04（およびそれ以降）のユーザーは、apt を使用して network-manager-l2tp-gnome パッケージをインストールし、GUI を使用して IPsec/L2TP VPN クライアントを設定できます。

1. 「設定」->「ネットワーク」->「VPN」に移動します。「+」ボタンをクリックしてください。
2. レイヤー 2 トンネリングプロトコル **(L2TP)** を選択してください。
3. 名前 フィールドに任意の名前を入力してください。
4. ゲートウェイ の「VPN サーバー IP」を入力してください。
5. ユーザー名 に「VPN ユーザー名」を入力してください。

6. パスワードフィールドの**?**を右クリックし、このユーザーのみのパスワードを保存する を選択してください。

7. パスワードに「VPN パスワード」を入力してください。

8. **NT** ドメインフィールドは空白のままにしてください。

9. **IPsec** 設定**...** ボタンをクリックしてください。

10. **L2TP** ホストへの **IPsec** トンネルを有効にする チェックボックスをオンにしてください。

11. ゲートウェイ **ID** フィールドは空白のままにしてください。

12. 事前共有キー に「VPN IPsec PSK」を入力してください。

13. 詳細 セクションを展開してください。

14. **Phase1** アルゴリズム に「aes128-sha1-modp2048」と入力してください。

15. **Phase2** アルゴリズム に「aes128-sha1」と入力してください。

16. **OK** をクリックし、追加 をクリックして **VPN** 接続情報を保存してください。

17. **VPN** スイッチをオンにしてください。

接続したら、Google で IP アドレスを検索することで、トラフィックが適切にルーティングされていることを確認することが可能です。接続作業が完了すると、「パブリック IP アドレスは VPN サーバー IP です」と表示されます。

5.6.2 Fedora と CentOS

Fedora 28（およびそれ以降）および CentOS 8/7 ユーザーは、IPsec/XAuth モードを使用して接続できます。

5.6.3 その他の Linux

まず、こちら (https://github.com/nm-l2tp/NetworkManager-l2tp/wiki/Prebuilt-Packages) をチェックして、network-manager-l2tp および network-manager-l2tp-gnome パッケージが Linux ディストリビューションで使用できるかどうかを確認してください。使用できる場合は、それらをインストールし（strongSwan を選択）、上記の手順に従ってください。または、コマンドラインを使用して Linux VPN クライアントを構成することもできます。

5.6.4 コマンドラインを使用して設定する

上級ユーザーは、次の手順に従って、コマンドラインを使用して Linux VPN クライアントを構成できます。または、IKEv2 モード（推奨）を使用して接続するか、GUI を使用して構成することもできます。コマンドは、VPN クライアントで root として実行する必要があります。

VPN クライアントをセットアップするには、まず次のパッケージをインストールします。

```
# Ubuntu と Debian
apt-get update
apt-get install strongswan xl2tpd net-tools


# Fedora
yum install strongswan xl2tpd net-tools


# CentOS
yum install epel-release
yum --enablerepo=epel install strongswan xl2tpd net-tools
```

VPN 変数を作成します（実際の値に置き換えます）:

```
VPN_SERVER_IP='VPNサーバーのIP'
VPN_IPSEC_PSK='あなたのIPsec事前共有キー'
VPN_USER='あなたのVPNユーザー名'
VPN_PASSWORD='VPNパスワード'
```

strongSwan を設定します。

```
cat > /etc/ipsec.conf <<EOF
# ipsec.conf - strongSwan IPsec configuration file


conn myvpn
  auto=add
  keyexchange=ikev1
  authby=secret
  type=transport
  left=%defaultroute
  leftprotoport=17/1701
```

```
    rightprotoport=17/1701
    right=$VPN_SERVER_IP
    ike=aes128-sha1-modp2048
    esp=aes128-sha1
EOF

cat > /etc/ipsec.secrets <<EOF
: PSK "$VPN_IPSEC_PSK"
EOF

chmod 600 /etc/ipsec.secrets

# CentOS および Fedora のみ
mv /etc/strongswan/ipsec.conf \
   /etc/strongswan/ipsec.conf.old 2>/dev/null
mv /etc/strongswan/ipsec.secrets \
   /etc/strongswan/ipsec.secrets.old 2>/dev/null
ln -s /etc/ipsec.conf /etc/strongswan/ipsec.conf
ln -s /etc/ipsec.secrets /etc/strongswan/ipsec.secrets
```

xl2tpd を設定します。

```
cat > /etc/xl2tpd/xl2tpd.conf <<EOF
[lac myvpn]
lns = $VPN_SERVER_IP
ppp debug = yes
pppoptfile = /etc/ppp/options.l2tpd.client
length bit = yes
EOF

cat > /etc/ppp/options.l2tpd.client <<EOF
ipcp-accept-local
ipcp-accept-remote
refuse-eap
require-chap
noccp
noauth
mtu 1280
```

```
mru 1280
noipdefault
defaultroute
usepeerdns
connect-delay 5000
name "$VPN_USER"
password "$VPN_PASSWORD"
EOF
```

```
chmod 600 /etc/ppp/options.l2tpd.client
```

VPN クライアントのセットアップが完了しました。接続するには、以下の
手順に従ってください。

注: VPN に接続するたびに、以下の手順をすべて繰り返す必要がありま
す。

xl2tpd 制御ファイルを作成してください:

```
mkdir -p /var/run/xl2tpd
touch /var/run/xl2tpd/l2tp-control
```

サービスを再起動してください:

```
service strongswan restart
```

```
# Ubuntu 20.04の場合、strongswanサービスが見つからない場合
ipsec restart
```

```
service xl2tpd restart
```

IPsec 接続を開始してください。

```
# Ubuntu と Debian
ipsec up myvpn
```

```
# CentOS と Fedora
strongswan up myvpn
```

L2TP接続を開始してください。

```
echo "c myvpn" > /var/run/xl2tpd/l2tp-control
```

ifconfig を実行して出力を確認してください。新しいインターフエース ppp0 が表示されるはずです。

既存のデフォルトルートを確認してください。

```
ip route
```

出力で次の行を見つけます: default via XXXX ...。以下の 2 つのコマンドで使用するために、このゲートウェイ IP を書き留めます。

VPN サーバーのパブリック IP を新しいデフォルトルートから除外します（実際の値に置き換えます）。

```
route add YOUR_VPN_SERVER_PUBLIC_IP gw X.X.X.X
```

VPN クライアントがリモートサーバーである場合は、SSH セッションが切断されないように、ローカル PC のパブリック IP を新しいデフォルトルートから除外する必要もあります（実際の値に置き換えます）。

```
route add YOUR_LOCAL_PC_PUBLIC_IP gw X.X.X.X
```

VPN サーバー経由でトラフィックのルーティングを開始するための新しいデフォルトルートを追加します。

```
route add default dev ppp0
```

VPN 接続が完了しました。トラフィックが適切にルーティングされていることを確認してください。

```
wget -qO- http://ipv4.icanhazip.com; echo
```

上記のコマンドは VPNサーバーのIP を返します。

VPN サーバー経由のトラフィックのルーティングを停止するには:

```
route del default dev ppp0
```

切断するには:

```
# Ubuntu と Debian
echo "d myvpn" > /var/run/xl2tpd/l2tp-control
```

```
ipsec down myvpn

# CentOS と Fedora
echo "d myvpn" > /var/run/xl2tpd/l2tp-control
strongswan down myvpn
```

6 IPsec/XAuth VPNクライアントの構成

自前の VPN サーバーを設定したら、次の手順に従ってデバイスを構成します。IPsec/XAuth(「Cisco IPsec」)は、Android、iOS、macOS でネイティブにサポートされています。追加のソフトウエアをインストールする必要はありません。Windows ユーザーは、無料の Shrew Soft クライアントを使用することが可能です。接続できない場合は、まず VPN 資格情報が正しく入力されているかどうかを確認してください。

IPsec/XAuth モードは「Cisco IPsec」とも呼ばれます。このモードは通常、IPsec/L2TP よりも高速で、オーバーヘッドも少なくなります。

- プラットフォーム
- Windows
- macOS
- Android
- iOS(iPhone/iPad)
- Linux

6.1 Windows

> IKEv2(推奨)または IPsec/L2TP モードを使用して接続することもできます。追加のソフトウエアは必要ありません。

1. 無料の Shrew Soft VPN クライアント (https://www.shrew.net/download/vpn) をダウンロードしてインストールします。インストール中にプロンプトが表示されたら、**Standard Edition** を選択します。
   注: この VPN クライアントは Windows 10/11 をサポートしていません。
2. スタートメニュー -> すべてのプログラム -> ShrewSoft VPN Client -> VPN Access Manager をクリックしてください。
3. ツールバーの追加(+)ボタンをクリックしてください。
4. ホスト名または **IP** アドレスフィールドに「VPN サーバーの IP」を入力してください。

5. 認証 タブをクリックします。認証方法 ドロップダウンメニューから 相互 **PSK + XAuth** を選択してください。
6. ローカル **ID** サブタブで、識別タイプ ドロップダウンメニューから **IP アドレス** を選択してください。
7. 資格情報 サブタブをクリックします。事前共有キー フィールドに「VPN IPsec PSK」を入力してください。
8. フェーズ **1** タブをクリックします。**Exchange** タイプ ドロップダウンメニューから **main** を選択してください。
9. フェーズ **2** タブをクリックします。**HMAC** アルゴリズム ドロップダウンメニューから **sha1** を選択してください。
10. 保存 をクリックして、VPN 接続の詳細を保存してください。
11. 新しい VPN 接続を選択します。ツールバーの 接続 ボタンをクリックしてください。
12. ユーザー名 フィールドに「VPN ユーザー名」を入力してください。
13. パスワード フィールドに「VPN パスワード」を入力してください。
14. 接続をクリックしてください。

接続すると、VPN 接続ステータスウィンドウに トンネルが有効 と表示されます。[ネットワーク] タブをクリックし、[セキュリティアソシエーション] の下に 確立済み - 1 が表示されていることを確認してください。Google で IP アドレスを検索することで、トラフィックが適切にルーティングされていることを確認することが可能です。接続作業が完了すると、「パブリック IP アドレスは VPN サーバー IP です」と表示されます。

接続時にエラーが発生した場合は、セクション 7.3 IKEv1 のトラブルシューティングを参照してください。

6.2 macOS

6.2.1 macOS 13（Ventura）以降

> IKEv2（推奨）または IPsec/L2TP モードを使用して接続することもできます。

1. システム設定 を開き、ネットワーク セクションに移動してください。
2. ウィンドウの右側にある**VPN**をクリックしてください。
3. **VPN** 構成の追加 ドロップダウンメニューをクリックし、**Cisco IPSec** を選択してください。

4. 開いたウインドウで、**表示名** に任意の名前を入力してください。
5. サーバーアドレス に「VPN サーバー IP」を入力してください。
6. アカウント名 に「VPN ユーザー名」を入力してください。
7. パスワードに「VPN パスワード」を入力してください。
8. タイプ ドロップダウンメニューから **共有シークレット** を選択してください。
9. 共有シークレット に「VPN IPsec PSK」を入力してください。
10. グループ名 フィールドは空白のままにしてください。
11. 作成 をクリックして VPN 構成を保存してください。
12. メニューバーに VPN ステータスを表示し、ショートカットアクセスを利用するには、**システム設定** の **コントロールセンター** セクションに移動します。一番下までスクロールし、**VPN** ドロップダウンメニューから [メニューバーに表示] を選択してください。

VPN に接続するには、メニューバーアイコンを使用するか、システム設定の **VPN** セクションに移動して、VPN 構成のスイッチを切り替えます。Google で IP アドレスを検索することで、トラフィックが適切にルーティングされていることを確認することが可能です。接続作業が完了すると、「パブリック IP アドレスは VPN サーバー IP です」と表示されます。

接続時にエラーが発生した場合は、セクション 7.3 IKEv1 のトラブルシューティングを参照してください。

6.2.2 macOS 12 （Monterey）以前

> IKEv2 （推奨）または IPsec/L2TP モードを使用して接続することもできます。

1. システム環境設定を開き、「ネットワーク」セクションに移動してください。
2. ウインドウの左下隅にある「+」ボタンをクリックしてください。
3. インターフェース ドロップダウンメニューから **VPN** を選択してください。
4. **VPN タイプ** ドロップダウンメニューから **Cisco IPSec** を選択してください。
5. サービス名 に任意の名前を入力してください。
6. 作成をクリックしてください。
7. サーバーアドレス に「VPN サーバー IP」を入力してください。

8. アカウント名 に「VPN ユーザー名」を入力してください。

9. パスワードに「VPN パスワード」を入力してください。

10. 認証設定 ボタンをクリックしてください。

11. マシン認証 セクションで、共有シークレット ラジオボタンを選択し、「VPN IPsec PSK」を入力してください。

12. グループ名 フィールドは空白のままにしてください。

13. **OK** をクリックしてください。

14. メニューバーに **VPN** ステータスを表示する チェックボックスをオンにしてください。

15. 適用 をクリックして、VPN 接続情報を保存してください。

VPN に接続するには、メニューバーアイコンを使用するか、システム環境設定のネットワークセクションに移動して VPN を選択し、接続 を選択します。Google で IP アドレスを検索することで、トラフィックが適切にルーティングされていることを確認することが可能です。接続作業が完了すると、「パブリック IP アドレスは VPN サーバー IP です」と表示されます。

接続時にエラーが発生した場合は、セクション 7.3 IKEv1 のトラブルシューティングを参照してください。

6.3 Android

重要: Android ユーザーは、より安全な IKEv2 モード（推奨）を使用して接続する必要があります。詳細については、セクション 3.2 を参照してください。Android 12 以降では、IKEv2 モードのみがサポートされています。Android のネイティブ VPN クライアントは、IPsec/L2TP および IPsec/XAuth（「Cisco IPsec」）モードに、安全性の低い modp1024（DH グループ 2）を使用してください。

引き続き IPsec/XAuth モードを使用して接続する場合は、まず VPN サーバーの /etc/ipsec.conf を編集する必要があります。ike=... 行を見つけて、最後に ,aes256-sha2;modp1024,aes128-sha1;modp1024 を追加します。ファイルを保存して service ipsec restart を実行してください。

Docker ユーザー: env ファイルに VPN_ENABLE_MODP1024=yes を追加し、Docker コンテナを再作成します。

その後、Android デバイスで以下の手順に従います。

1. 設定 アプリケーションを起動してください。
2. 「ネットワークとインターネット」をタップします。または、Android 7 以前を使用している場合は、無線とネットワーク セクションで その他... をタップしてください。
3. **VPN** をタップしてください。
4. 画面右上の**VPN** プロファイルの追加または「+」アイコンをタップしてください。
5. 名前 フィールドに任意の名前を入力してください。
6. タイプ ドロップダウンメニューで **IPSec Xauth PSK** を選択してください。
7. サーバーアドレス フィールドに「VPN サーバー IP」を入力してください。
8. **IPSec** 識別子 フィールドは空白のままにしてください。
9. **IPSec** 事前共有キー フィールドに「VPN IPsec PSK」を入力してください。
10. 保存をタップしてください。
11. 新しい VPN 接続をタップしてください。
12. ユーザー名 フィールドに「VPN ユーザー名」を入力してください。
13. パスワード フィールドに「VPN パスワード」を入力してください。
14. アカウント情報を保存する チェックボックスをオンにしてください。
15. 接続をタップしてください。

接続すると、通知バーに VPN アイコンが表示されます。Google で IP アドレスを検索することで、トラフィックが適切にルーティングされていることを確認することが可能です。接続作業が完了すると、「パブリック IP アドレスは VPN サーバー IP です」と表示されます。

接続時にエラーが発生した場合は、セクション 7.3 IKEv1 のトラブルシューティングを参照してください。

6.4 iOS

IKEv2（推奨）または IPsec/L2TP モードを使用して接続することもできます。

1. 「設定」-> 「一般」-> 「VPN」に移動してください。
2. **VPN** 構成の追加... をタップしてください。
3. タイプをタップします。**IPSec**を選択して戻ります。

4. 説明 をタップして、好きな内容を入力してください。
5. サーバーをタップし、「VPNサーバーのIP」を入力してください。
6. アカウントをタップし、「VPNユーザー名」を入力してください。
7. パスワードをタップし、「VPNパスワード」を入力してください。
8. グループ名 フィールドは空白のままにしてください。
9. **Secret** をタップし、「あなたのIPsec事前共有キー」を入力してください。
10. 完了をタップしてください。
11. **VPN** スイッチをオンにしてください。

接続すると、ステータスバーに VPN アイコンが表示されます。Google で IP アドレスを検索することで、トラフィックが適切にルーティングされていることを確認することが可能です。接続作業が完了すると、「パブリック IP アドレスは VPN サーバー IP です」と表示されます。

接続時にエラーが発生した場合は、セクション 7.3 IKEv1 のトラブルシューティングを参照してください。

6.5 Linux

IKEv2 モードを使用して接続することもできます（推奨）。

6.5.1 Fedora と CentOS

Fedora 28（およびそれ以降）および CentOS 8/7 ユーザーは、yum を使用して NetworkManager-libreswan-gnome パッケージをインストールし、GUI を使用して IPsec/XAuth VPN クライアントを設定できます。

1. 「設定」-> 「ネットワーク」-> 「VPN」に移動します。「+」ボタンをクリックしてください。
2. **IPsec** ベースの **VPN** を選択してください。
3. 名前 フィールドに任意の名前を入力してください。
4. ゲートウェイ の「VPN サーバー IP」を入力してください。
5. タイプ ドロップダウンメニューで **IKEv1 (XAUTH)** を選択してください。
6. ユーザー名 に「VPN ユーザー名」を入力してください。
7. ユーザーパスワード フィールドの **?** を右クリックし、このユーザーのみのパスワードを保存する を選択してください。

8. ユーザーパスワード に「VPN パスワード」を入力してください。

9. グループ名 フィールドは空白のままにしてください。

10. シークレット フィールドの **?** を右クリックし、このユーザーのみのパスワードを保存する を選択してください。

11. シークレット に「VPN IPsec PSK」を入力してください。

12. リモート **ID** フィールドは空白のままにしてください。

13. 追加 をクリックして、VPN 接続情報を保存してください。

14. **VPN** スイッチをオンにしてください。

接続したら、Google で IP アドレスを検索することで、トラフィックが適切にルーティングされていることを確認することが可能です。接続作業が完了すると、「パブリック IP アドレスは VPN サーバー IP です」と表示されます。

6.5.2 その他の**Linux**

他の Linux ユーザーは IPsec/L2TP モードを使用して接続できます。

7 IPsec VPN：トラブルシューティング

7.1 ログとVPNステータスを確認する

以下のコマンドは root として（または sudo を使用して）実行する必要が
あります。

まず、VPN サーバーでサービスを再起動します。

```
service ipsec restart
service xl2tpd restart
```

Docker ユーザー：`docker restart ipsec-vpn-server` を実行してくださ
い。

次に、VPN クライアントデバイスを再起動し、接続を再試行します。それ
でも接続できない場合は、VPN 接続を削除して再作成してください。VPN
サーバーアドレスと VPN 資格情報が正しく入力されていることを確認して
ください。

外部ファイアウォールを備えたサーバー（EC2/GCE など）の場合は、VPN
用に UDP ポート 500 と 4500 を開いてください。

Libreswan（IPsec）および xl2tpd ログでエラーを確認してください。

```
# Ubuntu と Debian
grep pluto /var/log/auth.log
grep xl2tpd /var/log/syslog


# CentOS/RHEL、Rocky Linux、AlmaLinux、
# Oracle Linux と Amazon Linux 2
grep pluto /var/log/secure
grep xl2tpd /var/log/messages


# Alpine Linux
grep pluto /var/log/messages
grep xl2tpd /var/log/messages
```

IPsec VPN サーバーのステータスを確認してください。

```
ipsec status
```

現在確立されている VPN 接続を表示します。

```
ipsec trafficstatus
```

7.2 IKEv2のトラブルシューティング

参照: 7.1 ログと VPN ステータスの確認、7.3 IKEv1 のトラブルシューティング、第 8 章「IPsec VPN: 高度な使用方法」。

7.2.1 VPNサーバーに接続できません

まず、VPN クライアントデバイスで指定された VPN サーバーアドレスが、IKEv2 ヘルパースクリプトの出力のサーバーアドレスと 完全に一致 していることを確認してください。たとえば、IKEv2 の設定時に DNS 名が指定されていない場合は、接続に DNS 名を使用することはできません。IKEv2 サーバーアドレスを変更するには、セクション 3.4「IKEv2 サーバーアドレスの変更」を参照してください。

外部ファイアウォールを備えたサーバー（EC2/GCE など）の場合は、VPN 用に UDP ポート 500 と 4500 を開いてください。

ログと VPN ステータスにエラーがないか確認してください（セクション 7.1 を参照）。再送信関連のエラーが発生して接続できない場合は、VPN クライアントとサーバー間のネットワークに問題がある可能性があります。

7.2.2 複数のIKEv2クライアントに接続できません

同じ NAT（例: 家庭用ルーター）の背後から複数の IKEv2 クライアントを同時に接続するには、クライアントごとに一意の証明書を生成する必要があります。そうしないと、後から接続されたクライアントが既存のクライアントの VPN 接続に影響を与え、インターネットアクセスが失われるという問題が発生する可能性があります。

追加の IKEv2 クライアントの証明書を生成するには、--addclient オプションを指定してヘルパースクリプトを実行してください。クライアントオプションをカスタマイズするには、引数なしでスクリプトを実行してください。

```
sudo ikev2.sh --addclient [クライアント名]
```

7.2.3 IKE認証資格情報は受け入れられません

このエラーが発生した場合は、VPN クライアントデバイスで指定された VPN サーバーアドレスが、IKEv2 ヘルパースクリプトの出力のサーバーアドレスと 完全に一致 していることを確認してください。たとえば、IKEv2 の設定時に DNS 名が指定されていない場合は、接続に DNS 名を使用することはできません。IKEv2 サーバーアドレスを変更するには、セクション 3.4「IKEv2 サーバーアドレスの変更」を参照してください。

7.2.4 ポリシー一致エラー

このエラーを修正するには、レジストリを一度変更して、IKEv2 のより強力な暗号を有効にする必要があります。管理者特権のコマンドプロンプトから次を実行してください。

- Windows 7、8、10、11+ の場合

```
REG ADD HKLM\SYSTEM\CurrentControlSet\Services\RasMan\Parameters ^
  /v NegotiateDH2048_AES256 /t REG_DWORD /d 0x1 /f
```

7.2.5 パラメータが正しくありません

IKEv2 モードを使用して接続しようとしたときに「エラー 87: パラメーターが正しくありません」というエラーが発生した場合は、https://github.com/trailofbits/algo/issues/1051 の解決策を試してください。具体的には、手順 2「デバイスマネージャーアダプターをリセット」です。

7.2.6 IKEv2に接続した後、Webサイトを開けません

IKEv2 に正常に接続した後、VPN クライアントデバイスが Web サイトを開けない場合は、次の修正を試してください。

1. Google Cloud などの一部のクラウドプロバイダーは、デフォルトで MTU を低く設定しています。これにより、IKEv2 VPN クライアントでネットワークの問題が発生する可能性があります。修正するには、VPN サーバーで MTU を 1500 に設定してみてください。

   ```
   # ens4をサーバーのネットワークインターフェース名に置き換えます
   sudo ifconfig ens4 mtu 1500
   ```

   この設定は再起動後は保持されません。MTU サイズを永続的に変更するには、Web 上の関連記事を参照してください。

2. Android または Linux VPN クライアントが IKEv2 モードを使用して接続できるが、Web サイトを開くことができない場合は、セクション 7.3.6 Android/Linux MTU/MSS の問題の修正を試してください。

3. インターネットアダプタ上のクライアントの構成済み DNS サーバーがローカルネットワークセグメントからのものである場合、Windows VPN クライアントは接続後に IKEv2 で指定された DNS サーバーを使用しないことがあります。これは、ネットワークインターフェイスプロパティ -> TCP/IPv4 に Google Public DNS（8.8.8.8、8.8.4.4）などの DNS サーバーを手動で入力することで修正できます。詳細については、セクション 7.3.5 Windows DNS リークと IPv6 を参照してください。

7.2.7 Windows 10に接続中

Windows 10 を使用しており、VPN が数分以上「接続中」のままになっている場合は、次の手順を試してください。

1. システムトレイのワイヤレス/ネットワークアイコンを右クリックしてください。
2. ネットワークとインターネットの設定を開く を選択し、開いたページで左側の **VPN** をクリックしてください。
3. 新しい VPN エントリを選択し、接続 をクリックしてください。

7.2.8 その他の既知の問題

Windows に組み込まれている VPN クライアントは、IKEv2 フラグメンテーションをサポートしていない可能性があります（この機能には Windows 10 v1803 以降が必要です）。一部のネットワークでは、これにより接続が失敗したり、その他の問題が発生することがあります。代わりに、IPsec/L2TP モードまたは IPsec/XAuth モードをお試しください。

7.3 IKEv1のトラブルシューティング

参照： 7.1 ログと VPN ステータスの確認、7.2 IKEv2 のトラブルシューティング、第 8 章「IPsec VPN：高度な使用方法」。

7.3.1 Windowsエラー809

> エラー809： リモートサーバーが応答しないため、コンピューターと VPN サーバー間のネットワーク接続を確立できませんでした。コンピューターとリモートサーバー間のネットワークデバイス（ファイアウォール、NAT、ルーターなど）の1つが VPN 接続を許可するように構成されていないことが原因である可能性があります。管理者またはサービスプロバイダーに問い合わせて、問題の原因となっているデバイスを特定してください。

注： 以下のレジストリの変更は、IPsec/L2TP モードを使用して VPN に接続する場合にのみ必要です。IKEv2 モードおよび IPsec/XAuth モードでは必要ありません。

このエラーを修正するには、VPN サーバーおよび/またはクライアントが NAT（例：家庭用ルーター）の背後にあるため、レジストリを1回変更する必要があります。管理者特権のコマンドプロンプトから次を実行してください。完了したら **PC を再起動する必要があります**。

- Windows Vista、7、8、10、11+ の場合

```
REG ADD HKLM\SYSTEM\CurrentControlSet\Services\PolicyAgent ^
  /v AssumeUDPEncapsulationContextOnSendRule /t REG_DWORD ^
  /d 0x2 /f
```

- Windows XPのみ

```
REG ADD HKLM\SYSTEM\CurrentControlSet\Services\IPSec ^
 /v AssumeUDPEncapsulationContextOnSendRule /t REG_DWORD ^
 /d 0x2 /f
```

まれではありますが、一部の Windows システムでは IPsec 暗号化が無効になっており、接続が失敗します。再度有効にするには、次のコマンドを実行して PC を再起動します。

- Windows XP、Vista、7、8、10、11+ の場合

```
REG ADD HKLM\SYSTEM\CurrentControlSet\Services\RasMan\Parameters ^
 /v ProhibitIpSec /t REG_DWORD /d 0x0 /f
```

7.3.2 Windowsエラー789または691

> エラー789：リモートコンピューターとの初期ネゴシエーション中にセキュリティ層で処理エラーが発生したため、L2TP 接続の試行が失敗しました。

> エラー691：指定したユーザー名とパスワードの組み合わせが認識されないか、選択した認証プロトコルがリモートアクセスサーバーで許可されていないため、リモート接続が拒否されました。

エラー789 については、以下を参照してください。トラブルシューティング情報については、https://documentation.meraki.com/MX/Client_VPN/Guided_Client_VPN_Troubleshooting を参照してください。エラー691 の場合は、VPN 接続を削除して再作成してみてください。VPN 資格情報が正しく入力されていることを確認してください。

7.3.3 Windowsエラー628または766

> エラー628：接続は完了する前にリモートコンピューターによって終了されました。

> エラー766：証明書が見つかりませんでした。IPSec 経由の L2TP プロトコルを使用する接続には、マシン証明書（コンピュータ証明書とも呼ばれます）のインストールが必要です。

これらのエラーを修正するには、次の手順に従ってください。

1. システムトレイのワイヤレス/ネットワークアイコンを右クリックしてください。
2. **Windows 11+**：［ネットワークとインターネットの設定］を選択し、開いたページで［ネットワークの詳細設定］をクリックします。［その他のネットワークアダプターのオプション］をクリックします。

   Windows 10：ネットワークとインターネットの設定を開く を選択し、開いたページで ネットワークと共有センター をクリックします。左側で アダプターの設定の変更 をクリックします。

   Windows 8/7：ネットワークと共有センターを開く を選択します。左側で、アダプターの設定の変更 をクリックします。
3. 新しい VPN 接続を右クリックし、プロパティ を選択してください。
4. セキュリティ タブをクリックします。**VPN** の種類 で「IPsec を使用したレイヤー 2 トンネリングプロトコル（L2TP/IPSec）」を選択してください。
5. これらのプロトコルを許可する をクリックします。「チャレンジハンドシェイク認証プロトコル（CHAP）」および「Microsoft CHAP バージョン 2（MS-CHAP v2）」チェックボックスをオンにしてください。
6. 詳細設定 ボタンをクリックしてください。
7. 認証に事前共有キーを使用する を選択し、キー に「VPN IPsec PSK」を入力してください。
8. **OK** をクリックして 詳細設定 を閉じます。
9. **OK** をクリックして、VPN 接続の詳細を保存してください。

7.3.4 Windows 10/11のアップグレード

Windows 10/11 バージョンをアップグレードした後（例：21H2 から 22H2）、Windows エラー 809 のセクション 7.3.1 の修正を再度適用し、再起動する必要がある場合があります。

7.3.5 Windows DNSリークとIPv6

Windows 8、10、11+ はデフォルトで「スマートマルチホーム名前解決」を使用してください。インターネットアダプターの DNS サーバーがローカルネットワークセグメントからのものである場合、ネイティブ IPsec VPN クライアントを使用すると「DNS リーク」が発生する可能性があります。修正するには、スマートマルチホーム名前解決を無効にするか (https://www.neowin.net/news/guide-prevent-dns-leakage-while-using-avpn-on-windows-10-and-windows-8/）、インターネットアダプターがローカルネットワーク外の DNS サーバー（例：8.8.8.8 および 8.8.4.4）を使用するように構成します。完了したら、DNS キャッシュをクリアし (https://support.opendns.com/hc/en-us/articles/227988627-How-to-clear-the-DNS-Cache-)、PC を再起動します。

さらに、コンピューターで IPv6 が有効になっている場合、すべての IPv6 トラフィック（DNS クエリを含む）は VPN をバイパスします。Windows で IPv6 を無効にする方法については、こちらをご覧ください (https://support.microsoft.com/en-us/help/929852/guidance-for-configuring-ipv6-in-windows-for-advanced-users)。IPv6 をサポートする VPN が必要な場合は、代わりに OpenVPN を試すことができます。詳細については、第 13 章を参照してください。

7.3.6 Android/Linux MTU/MSSの問題

一部の Android デバイスおよび Linux システムには MTU/MSS の問題があり、IPsec/XAuth（「Cisco IPsec」）または IKEv2 モードを使用して VPN に接続できるものの、Web サイトを開くことができません。この問題が発生した場合は、VPN サーバーで次のコマンドを実行してみてください。成功した場合は、これらのコマンドを /etc/rc.local に追加して、再起動後も保持することができます。

```
iptables -t mangle -A FORWARD -m policy --pol ipsec --dir in \
  -p tcp -m tcp --tcp-flags SYN,RST SYN -m tcpmss \
  --mss 1361:1536 -j TCPMSS --set-mss 1360
iptables -t mangle -A FORWARD -m policy --pol ipsec --dir out \
  -p tcp -m tcp --tcp-flags SYN,RST SYN -m tcpmss \
  --mss 1361:1536 -j TCPMSS --set-mss 1360

echo 1 > /proc/sys/net/ipv4/ip_no_pmtu_disc
```

Docker ユーザー：上記のコマンドを実行する代わりに、env ファイルに VPN_ANDROID_MTU_FIX=yes を追加してこの修正を適用し、Docker コンテナを再作成することもできます。

7.3.7 macOSはVPN経由でトラフィックを送信します

macOS ユーザー: IPsec/L2TP モードを使用して正常に接続できるが、パブリック IP に「VPN サーバー IP」が表示されない場合は、第 5 章「IPsec/L2TP VPN クライアントの構成」の macOS セクションを読んで、次の手順を完了してください。VPN 構成を保存して再接続してください。

macOS 13（Ventura）以降の場合:

1. オプション タブをクリックし、すべてのトラフィックを **VPN** 接続経由で送信 トグルがオンになっていることを確認してください。
2. **TCP/IP** タブをクリックし、**IPv6** の構成 ドロップダウンメニューからリンクローカルのみ を選択してください。

macOS 12（Monterey）以前の場合:

1. 詳細 ボタンをクリックし、すべてのトラフィックを **VPN** 接続経由で送信 チェックボックスがオンになっていることを確認してください。
2. **TCP/IP** タブをクリックし、**IPv6** の構成 セクションで リンクローカルのみ が選択されていることを確認してください。

上記の手順を試しても、コンピュータがまだ VPN 経由でトラフィックを送信しない場合は、サービス順序を確認してください。メインのネットワーク設定画面で、接続リストの下の歯車ドロップダウンから「サービス順序の設定」を選択します。VPN 接続を一番上にドラッグします。

7.3.8 iOS/Androidスリープモード

バッテリーを節約するため、iOS デバイス（iPhone/iPad）は画面がオフ（スリープモード）になった直後に Wi-Fi を自動的に切断します。その結果、IPsec VPN が切断されます。この動作は設計によるものであり、変更することはできません。

デバイスの起動時に VPN を自動的に再接続する必要がある場合は、IKEv2 モード（推奨）を使用して接続し、「VPN オンデマンド」機能を有効にしてください。または、代わりに OpenVPN を試すこともできます。OpenVPN は、「起動時に再接続」や「シームレストンネル」などのオプションをサポートしています。詳細については、第 13 章を参照してください。

81

Androidデバイスでは、スリープモードに入るとWi-Fiが切断される場合もあります。接続を維持するには、「常時VPN」オプションを有効にしてみてください。詳細については、次のWebサイトをご覧ください。
https://support.google.com/android/answer/9089766

7.3.9 Debianカーネル

Debianユーザー: uname -r を実行して、サーバーのLinuxカーネルバージョンを確認してください。「cloud」という単語が含まれていて、/dev/pppがない場合、カーネルはpppをサポートしていないため、IPsec/L2TPモードを使用できません。VPNセットアップスクリプトはこれを検出し、警告を表示します。この場合、代わりにIKEv2またはIPsec/XAuthモードを使用してVPNに接続できます。

IPsec/L2TPモードの問題を解決するには、たとえば linux-image-amd64 パッケージをインストールして標準のLinuxカーネルに切り替えることができます。次に、GRUBでデフォルトのカーネルを更新し、サーバーを再起動します。

8 IPsec VPN：高度な使用方法

8.1 代替DNSサーバーの使用

デフォルトでは、VPN がアクティブな場合、クライアントは Google Public DNS を使用するように設定されています。別の DNS プロバイダーを優先する場合は、`/etc/ppp/options.xl2tpd`、`/etc/ipsec.conf`、および `/etc/ipsec.d/ikev2.conf`（存在する場合）の 8.8.8.8 と 8.8.4.4 を置き換えることができます。次に、`service ipsec restart` と `service xl2tpd restart` を実行してください。

上級ユーザーは、VPN セットアップスクリプトを実行する際に、`VPN_DNS_SRV1` とオプションで `VPN_DNS_SRV2` を定義できます。詳細と一般的なパブリック DNS プロバイダーのリストについては、セクション 2.8「VPN オプションのカスタマイズ」を参照してください。

特定の IKEv2 クライアントに異なる DNS サーバーを設定することもできます。このユースケースについては、以下を参照してください。
https://github.com/hwdsl2/setup-ipsec-vpn/issues/1562

状況によっては、VPN クライアントが内部ドメイン名の解決にのみ指定された DNS サーバーを使用し、他のすべてのドメイン名の解決にはローカルに構成された DNS サーバーを使用するようにしたい場合があります。これは、`modecfgdomains` オプションを使用して設定できます（例：`modecfgdomains="internal.example.com, home"`）。IKEv2 の場合は `/etc/ipsec.d/ikev2.conf` の `conn ikev2-cp` セクションに、IPsec/XAuth（「Cisco IPsec」）の場合は `/etc/ipsec.conf` の `conn xauth-psk` セクションにこのオプションを追加します。次に、`service ipsec restart` を実行してください。IPsec/L2TP モードではこのオプションはサポートされていません。

8.2 DNS名とサーバーIPの変更

IPsec/L2TP および IPsec/XAuth（「Cisco IPsec」）モードの場合、追加の設定なしで、IP アドレスの代わりに DNS 名（例：`vpn.example.com`）を使用して VPN サーバーに接続できます。また、通常、サーバー IP の変更後

（異なる IP を持つ新しいサーバーにスナップショットを復元した後など）も、VPN は引き続き機能しますが、再起動が必要になる場合があります。

IKEv2 モードの場合、サーバー IP の変更後も VPN を引き続き動作させたい場合は、セクション 3.4「IKEv2 サーバーアドレスの変更」をお読みください。または、IKEv2 を設定するときに、IKEv2 サーバーアドレスの DNS 名を指定することもできます。DNS 名は完全修飾ドメイン名（FQDN）である必要があります。例：

```
sudo VPN_DNS_NAME='vpn.example.com' ikev2.sh --auto
```

あるいは、--auto パラメータなしでヘルパースクリプトを実行して、IKEv2 オプションをカスタマイズすることもできます。

8.3 IKEv2専用VPN

Libreswan 4.2 以降を使用すると、上級ユーザーは VPN サーバーで IKEv2 専用モードを有効にすることが可能です。IKEv2 専用モードを有効にすると、VPN クライアントは IKEv2 を使用してのみ VPN サーバーに接続できます。すべての IKEv1 接続（IPsec/L2TP および IPsec/XAuth（「Cisco IPsec」）モードを含む）はドロップされます。

IKEv2 専用モードを有効にするには、まず VPN サーバーをインストールし、IKEv2 を設定します。次に、ヘルパースクリプトを実行して、プロンプトに従います。

```
wget https://get.vpnsetup.net/ikev2only -O ikev2only.sh
sudo bash ikev2only.sh
```

IKEv2 専用モードを無効にするには、ヘルパースクリプトを再度実行し、適切なオプションを選択します。

8.4 内部VPN IPとトラフィック

IPsec/L2TP モードを使用して接続する場合、VPN サーバーは VPN サブネット 192.168.42.0/24 内に内部 IP 192.168.42.1 を持ちます。クライアントには 192.168.42.10 から 192.168.42.250 までの内部 IP が割り当てられます。クライアントに割り当てられている IP を確認するには、VPN クライアントで接続ステータスを表示します。

IPsec/XAuth（「Cisco IPsec」）または IKEv2 モードを使用して接続する場合、VPN サーバーは VPN サブネット 192.168.43.0/24 内に内部 IP を持ちません。クライアントには 192.168.43.10 から 192.168.43.250 までの内部 IP が割り当てられます。

これらの内部 VPN IP は通信に使用できます。ただし、VPN クライアントに割り当てられる IP は動的であり、クライアントデバイスのファイアウォールによってこのようなトラフィックがブロックされる可能性があることに注意してください。

上級ユーザーは、オプションで VPN クライアントに静的 IP を割り当てることができます。詳細については、以下を参照してください。

▼ IPsec/L2TP モード：VPN クライアントに静的 IP を割り当てます。

以下の例は、**IPsec/L2TP** モードにのみ適用されます。コマンドは root として実行する必要があります。

1. まず、静的 IP を割り当てる VPN クライアントごとに新しい VPN ユーザーを作成します。第 9 章「IPsec VPN：VPN ユーザーの管理」を参照してください。便宜上、ヘルパースクリプトが含まれています。

2. VPN サーバーで /etc/xl2tpd/xl2tpd.conf を編集します。ip range = 192.168.42.10-192.168.42.250 を、たとえば ip range = 192.168.42.100-192.168.42.250 に置き換えます。これにより、自動割り当て IP アドレスのプールが削減され、より多くの IP をクライアントに静的 IP として割り当てることができるようになります。

3. VPN サーバー上の /etc/ppp/chap-secrets を編集します。たとえば、ファイルに次の内容が含まれている場合：

```
"username1"  l2tpd  "password1"  *
"username2"  l2tpd  "password2"  *
"username3"  l2tpd  "password3"  *
```

静的 IP 192.168.42.2 を VPN ユーザー username2 に割り当て、静的 IP 192.168.42.3 を VPN ユーザー username3 に割り当て、username1 は変更しない（プールから自動割り当て）とします。編集後、ファイルは次のようになります。

```
"username1"   l2tpd   "password1"   *
"username2"   l2tpd   "password2"   192.168.42.2
"username3"   l2tpd   "password3"   192.168.42.3
```

注: 割り当てられる静的 IP はサブネット 192.168.42.0/24 から取得する必要があり、自動割り当て IP のプールから取得することはできません（上記の ip range を参照）。また、192.168.42.1 は VPN サーバー自体用に予約されています。上記の例では、192.168.42.2-192.168.42.99 の範囲からのみ静的 IP を割り当てることができます。

4. （重要）xl2tpd サービスを再起動してください。

```
service xl2tpd restart
```

▼ IPsec/XAuth（「Cisco IPsec」）モード: VPN クライアントに静的 IP を割り当てます。

以下の例は、**IPsec/XAuth（「Cisco IPsec」）** モードにのみ適用されます。コマンドは root として実行する必要があります。

1. まず、静的 IP を割り当てる VPN クライアントごとに新しい VPN ユーザーを作成します。第 9 章「IPsec VPN: VPN ユーザーの管理」を参照してください。便宜上、ヘルパースクリプトが含まれています。

2. VPN サーバーの /etc/ipsec.conf を編集します。rightaddresspool=192.168.43.10-192.168.43.250 を、たとえば rightaddresspool=192.168.43.100-192.168.43.250 に置き換えます。これにより、自動割り当て IP アドレスのプールが削減され、より多くの IP をクライアントに静的 IP として割り当てることができるようになります。

3. VPN サーバー上の /etc/ipsec.d/ikev2.conf を編集します（存在する場合）。rightaddresspool=192.168.43.10-192.168.43.250 を前の手順と同じ値に置き換えます。

4. VPN サーバー上の /etc/ipsec.d/passwd を編集します。たとえば、ファイルに次の内容が含まれている場合:

```
username1:password1hashed:xauth-psk
username2:password2hashed:xauth-psk
username3:password3hashed:xauth-psk
```

静的 IP 192.168.43.2 を VPN ユーザー username2 に割り当て、静的 IP 192.168.43.3 を VPN ユーザー username3 に割り当て、username1 は変更しない（プールから自動割り当て）とします。編集後、ファイルは次のようになります。

```
username1:password1hashed:xauth-psk
username2:password2hashed:xauth-psk:192.168.42.2
username3:password3hashed:xauth-psk:192.168.42.3
```

注: 割り当てられる静的 IP はサブネット 192.168.43.0/24 からのものである必要があり、自動割り当て IP のプールからのものであってはいけません（上記の rightaddresspool を参照）。上記の例では、192.168.43.1–192.168.43.99 の範囲からのみ静的 IP を割り当てることができます。

5. （重要）IPsec サービスを再起動してください。

```
service ipsec restart
```

▼ IKEv2 モード: VPN クライアントに静的 IP を割り当てます。

以下の例は、**IKEv2 モード**にのみ適用されます。コマンドは root として実行する必要があります。

1. まず、静的 IP を割り当てるクライアントごとに新しい IKEv2 クライアント証明書を作成し、各 IKEv2 クライアントの名前を書き留めます。セクション 3.3.1「新しい IKEv2 クライアントの追加」を参照してください。

2. VPN サーバーで /etc/ipsec.d/ikev2.conf を編集します。rightaddresspool=192.168.43.10–192.168.43.250 を、たとえば rightaddresspool=192.168.43.100–192.168.43.250 に置き換えます。これにより、自動割り当て IP アドレスのプールが削減され、より多くの IP をクライアントに静的 IP として割り当てることができるようになります。

3. VPN サーバーの /etc/ipsec.conf を編集します。rightaddresspool=192.168.43.10–192.168.43.250 を、前の手順と同じ値に置き換えます。

4. VPN サーバー上の /etc/ipsec.d/ikev2.conf を再度編集します。たとえば、ファイルに次の内容が含まれている場合:

```
conn ikev2-cp
  left=%defaultroute
  ... ...
```

IKEv2 クライアント client1 に静的 IP 192.168.43.4 を割り当て、クライアント client2 に静的 IP 192.168.43.5 を割り当て、他のクライアントは変更しない（プールから自動割り当て）とします。編集後、ファイルは次のようになります。

```
conn ikev2-cp
  left=%defaultroute
  ... ...

conn ikev2-shared
  # ikev2-cp セクションから、次の項目を除くすべてをコピーしてください:
  # rightid, rightaddresspool, auto=add

conn client1
  rightid=@client1
  rightaddresspool=192.168.43.4-192.168.43.4
  auto=add
  also=ikev2-shared

conn client2
  rightid=@client2
  rightaddresspool=192.168.43.5-192.168.43.5
  auto=add
  also=ikev2-shared
```

注: 静的 IP を割り当てるクライアントごとに、新しい conn セクションを追加します。rightid= のクライアント名に @ プレフィックスを追加する必要があります。クライアント名は、新しい IKEv2 クライアントを追加するときに指定した名前と完全に一致する必要があります。割り当てられる静的 IP は、サブネット 192.168.43.0/24 からのものである必

要があり、自動割り当て IP のプールからのものであってはいけません（上記の `rightaddresspool` を参照）。上記の例では、`192.168.43.1-192.168.43.99` の範囲からのみ静的 IP を割り当てることができます。

注： Windows 7/8/10/11 および RouterOS クライアントの場合、`rightid=` に異なる構文を使用する必要があります。たとえば、クライアント名が `client1` の場合、上記の例では `rightid="CN=client1, O=IKEv2 VPN"` を設定します。

5. （重要）IPsec サービスを再起動してください。

```
service ipsec restart
```

クライアント間のトラフィックはデフォルトで許可されています。クライアント間のトラフィックを**禁止**したい場合は、VPN サーバーで次を実行してください。再起動後も維持されるように、これらを `/etc/rc.local` に追加します。

```
iptables -I FORWARD 2 -i ppp+ -o ppp+ -s 192.168.42.0/24 \
  -d 192.168.42.0/24 -j DROP
iptables -I FORWARD 3 -s 192.168.43.0/24 -d 192.168.43.0/24 \
  -j DROP
iptables -I FORWARD 4 -i ppp+ -d 192.168.43.0/24 -j DROP
iptables -I FORWARD 5 -s 192.168.43.0/24 -o ppp+ -j DROP
```

8.5 VPNサブネットのカスタマイズ

デフォルトでは、IPsec/L2TP VPN クライアントは内部 VPN サブネット `192.168.42.0/24` を使用し、IPsec/XAuth（「Cisco IPsec」）および IKEv2 VPN クライアントは内部 VPN サブネット `192.168.43.0/24` を使用してください。詳細については、前のセクションを参照してください。

重要： カスタムサブネットを指定できるのは、**VPN の初期インストール時**のみです。IPsec VPN がすでにインストールされている場合は、**必ず、最初に VPN をアンインストールし**（第 10 章を参照）、カスタムサブネットを指定して再インストールしてください。そうしないと、VPN が機能しなくなる可能性があります。

```
# 例: IPsec/L2TP モードのカスタム VPN サブネットを指定する
# 注: 3 つの変数をすべて指定する必要があります。
```

89

```
sudo VPN_L2TP_NET=10.1.0.0/16 \
VPN_L2TP_LOCAL=10.1.0.1 \
VPN_L2TP_POOL=10.1.0.10-10.1.254.254 \
sh vpn.sh

# 例: IPsec/XAuth および IKEv2 モードのカスタム VPN サブネットを指定する
# 注: 両方の変数を指定する必要があります。
sudo VPN_XAUTH_NET=10.2.0.0/16 \
VPN_XAUTH_POOL=10.2.0.10-10.2.254.254 \
sh vpn.sh
```

上記の例では、VPN_L2TP_LOCAL は、IPsec/L2TP モードの VPN サーバーの
内部 IP です。VPN_L2TP_POOL と VPN_XAUTH_POOL は、VPN クライアントに
自動的に割り当てられる IP アドレスのプールです。

8.6 VPNクライアントへのポートフォワーディング

状況によっては、VPN サーバー上のポートを接続された VPN クライアント
に転送する必要がある場合があります。これは、VPN サーバーに IPTables
ルールを追加することで実行できます。

警告: ポート転送を行うと、VPN クライアントのポートがインターネット
全体に公開されるため、セキュリティリスク が発生する可能性がありま
す。使用例で必要な場合を除き、これは推奨されません。

注: VPN クライアントに割り当てられる内部 VPN IP は動的であり、クラ
イアントデバイスのファイアウォールによって転送されたトラフィックがブ
ロックされる場合があります。VPN クライアントに静的 IP を割り当てるに
は、セクション 8.4「内部 VPN IP とトラフィック」を参照してください。
クライアントに割り当てられている IP を確認するには、VPN クライアント
の接続ステータスを表示します。

例 1: VPN サーバーの TCP ポート 443 を 192.168.42.10 の IPsec/L2TP ク
ライアントに転送します。

```
# デフォルトのネットワークインターフェース名を取得する
netif=$(ip -4 route list 0/0 | grep -m 1 -Po '(?<=dev )(\S+)')
iptables -I FORWARD 2 -i "$netif" -o ppp+ -p tcp --dport 443 \
  -j ACCEPT
```

```
iptables -t nat -A PREROUTING -i "$netif" -p tcp --dport 443 \
  -j DNAT --to 192.168.42.10
```

例 2：VPN サーバーの UDP ポート 123 を 192.168.43.10 の IKEv2（または IPsec/XAuth）クライアントに転送します。

```
# デフォルトのネットワークインターフェース名を取得する
netif=$(ip -4 route list 0/0 | grep -m 1 -Po '(?<=dev )(\S+)')
iptables -I FORWARD 2 -i "$netif" -d 192.168.43.0/24 \
  -p udp --dport 123 -j ACCEPT
iptables -t nat -A PREROUTING -i "$netif" ! -s 192.168.43.0/24 \
  -p udp --dport 123 -j DNAT --to 192.168.43.10
```

再起動後もルールを維持する場合は、これらのコマンドを /etc/rc.local に追加します。追加された IPTables ルールを削除するには、コマンドを再度実行しますが、-I FORWARD 2 を -D FORWARD に置き換え、-A PREROUTING を -D PREROUTING に置き換えます。

8.7 スプリットトンネリング

スプリットトンネリングを使用すると、VPN クライアントは特定の宛先サブネットへのトラフィックのみを VPN トンネル経由で送信します。その他のトラフィックは VPN トンネルを経由しません。これにより、すべてのクライアントのトラフィックを VPN 経由でルーティングすることなく、VPN 経由でネットワークに安全にアクセスできるようになります。スプリットトンネリングにはいくつかの制限があり、すべての VPN クライアントでサポートされているわけではありません。

上級ユーザーは、オプションで IPsec/XAuth（「Cisco IPsec」）および/または IKEv2 モードのスプリットトンネリングを有効にすることが可能です。IPsec/L2TP モードではこの機能はサポートされていません（Windows を除く、下記参照）。

▼ IPsec/XAuth（「Cisco IPsec」）モード：スプリットトンネリングを有効にしてください。

以下の例は、**IPsec/XAuth（「Cisco IPsec」）モード**にのみ適用されます。コマンドは root として実行する必要があります。

1. VPN サーバーの /etc/ipsec.conf を編集します。conn xauth-psk セクションで、leftsubnet=0.0.0.0/0 を、VPN クライアントが VPN トンネル経由でトラフィックを送信するサブネットに置き換えます。例:
単一のサブネットの場合:

   ```
   leftsubnet=10.123.123.0/24
   ```

   複数のサブネットの場合（代わりに leftsubnets を使用）:

   ```
   leftsubnets="10.123.123.0/24,10.100.0.0/16"
   ```

2. （重要）IPsec サービスを再起動してください。

```
service ipsec restart
```

▼ IKEv2 モード: スプリットトンネリングを有効にしてください。

以下の例は、**IKEv2 モード**にのみ適用されます。コマンドは root として実行する必要があります。

1. VPN サーバーの /etc/ipsec.d/ikev2.conf を編集します。conn ikev2-cp セクションで、leftsubnet=0.0.0.0/0 を、VPN クライアントが VPN トンネル経由でトラフィックを送信するサブネットに置き換えます。例:
単一のサブネットの場合:

   ```
   leftsubnet=10.123.123.0/24
   ```

   複数のサブネットの場合（代わりに leftsubnets を使用）:

   ```
   leftsubnets="10.123.123.0/24,10.100.0.0/16"
   ```

2. （重要）IPsec サービスを再起動してください。

```
service ipsec restart
```

注: 上級ユーザーは、特定の IKEv2 クライアントに対して異なるスプリットトンネリング構成を設定できます。セクション 8.4 内部 VPN IP とトラフィックの「IKEv2 モード: VPN クライアントに静的 IP を割り当てる」を参照してください。そのセクションで提供されている例に基づいて、特定の IKEv2 クライアントの conn セクションに leftsubnet=... オプションを追加し、IPsec サービスを再起動できます。

あるいは、Windows ユーザーは手動でルートを追加することでスプリットトンネリングを有効にできます。

1. システムトレイのワイヤレス/ネットワークアイコンを右クリックしてください。
2. **Windows 11+**：[ネットワークとインターネットの設定]を選択し、開いたページで[ネットワークの詳細設定]をクリックします。[その他のネットワークアダプターのオプション]をクリックします。

   Windows 10：ネットワークとインターネットの設定を開く を選択し、開いたページで ネットワークと共有センター をクリックします。左側で アダプターの設定の変更 をクリックします。

   Windows 8/7：ネットワークと共有センターを開く を選択します。左側で、アダプターの設定の変更 をクリックします。
3. 新しい VPN 接続を右クリックし、プロパティ を選択してください。
4. ネットワーク タブをクリックします。インターネットプロトコルバージョン 4（TCP/IPv4） を選択し、プロパティ をクリックしてください。
5. 詳細 をクリックします。リモートネットワークでデフォルトゲートウェイを使用する のチェックを外してください。
6. **OK** をクリックして プロパティ ウィンドウを閉じます。
7. （重要）VPN を切断してから、再接続してください。
8. VPN クライアントが VPN トンネル経由でトラフィックを送信するサブネットが **10.123.123.0/24** であると仮定します。管理者特権のコマンドプロンプトを開き、次のコマンドのいずれかを実行してください。

   IKEv2 および IPsec/XAuth（「Cisco IPsec」）モードの場合：

   ```
   route add -p 10.123.123.0 mask 255.255.255.0 192.168.43.1
   ```

   IPsec/L2TP モードの場合：

   ```
   route add -p 10.123.123.0 mask 255.255.255.0 192.168.42.1
   ```

9. 完了すると、VPN クライアントは指定されたサブネットのみのトラフィックを VPN トンネル経由で送信します。その他のトラフィックは VPN をバイパスしてください。

8.8 VPNサーバーのサブネットにアクセスする

VPN に接続すると、VPN クライアントは通常、追加の構成なしで、VPN サーバーと同じローカルサブネット内にある他のデバイスで実行されているサービスにアクセスできます。たとえば、VPN サーバーのローカルサブネットが 192.168.0.0/24 で、Nginx サーバーが IP 192.168.0.2 で実行されている場合、VPN クライアントは IP 192.168.0.2 を使用して Nginx サーバーにアクセスできます。

VPN サーバーに複数のネットワークインターフェイス（例: eth0 と eth1）があり、VPN クライアントがインターネットアクセス用ではないネットワークインターフェイスの背後にあるローカルサブネットにアクセスできるようにする場合は、追加の構成が必要であることに注意してください。このシナリオでは、次のコマンドを実行して IPTables ルールを追加する必要があります。再起動後も維持するには、これらのコマンドを /etc/rc.local に追加します。

```
# eth1 を、VPN クライアントがアクセスする VPN サーバー上のネットワークインターフェイスの名前に置き換えます。
netif=eth1
iptables -I FORWARD 2 -i "$netif" -o ppp+ -m conntrack \
  --ctstate RELATED,ESTABLISHED -j ACCEPT
iptables -I FORWARD 2 -i ppp+ -o "$netif" -j ACCEPT
iptables -I FORWARD 2 -i "$netif" -d 192.168.43.0/24 \
  -m conntrack --ctstate RELATED,ESTABLISHED -j ACCEPT
iptables -I FORWARD 2 -s 192.168.43.0/24 -o "$netif" -j ACCEPT
iptables -t nat -I POSTROUTING -s 192.168.43.0/24 -o "$netif" \
  -m policy --dir out --pol none -j MASQUERADE
iptables -t nat -I POSTROUTING -s 192.168.42.0/24 -o "$netif" \
  -j MASQUERADE
```

8.9 サーバーのサブネットからVPNクライアントにアクセスする

状況によっては、VPN サーバーと同じローカルサブネット上にある他のデバイスから VPN クライアントのサービスにアクセスする必要がある場合があります。これは、次の手順で実行できます。

VPN サーバーの IP が 10.1.0.2 であり、VPN クライアントにアクセスする
デバイスの IP が 10.1.0.3 であると仮定します。

1. このトラフィックを許可するには、VPN サーバーに IPTables ルールを
   追加します。例:

```
# デフォルトのネットワークインターフェース名を取得する
netif=$(ip -4 route list 0/0 | grep -m 1 -Po '(?<=dev )(\S+)')
iptables -I FORWARD 2 -i "$netif" -o ppp+ -s 10.1.0.3 -j ACCEPT
iptables -I FORWARD 2 -i "$netif" -d 192.168.43.0/24 \
  -s 10.1.0.3 -j ACCEPT
```

2. VPN クライアントにアクセスするデバイスにルーティングルールを追加
   します。例:

```
# eth0をデバイスのローカルサブネットのネットワークインターフェース名に置き
換えます
route add -net 192.168.42.0 netmask 255.255.255.0 \
  gw 10.1.0.2 dev eth0
route add -net 192.168.43.0 netmask 255.255.255.0 \
  gw 10.1.0.2 dev eth0
```

内部 VPN IP の詳細については、セクション 8.4「内部 VPN IP とトラフィ
ック」を参照してください。

8.10 VPNサーバーのパブリックIPを指定する

複数のパブリック IP アドレスを持つサーバーでは、上級ユーザーは変数
VPN_PUBLIC_IP を使用して VPN サーバーのパブリック IP を指定できます。
たとえば、サーバーの IP が 192.0.2.1 と 192.0.2.2 で、VPN サーバーで
192.0.2.2 を使用する場合は、次のようになります。

```
sudo VPN_PUBLIC_IP=192.0.2.2 sh vpn.sh
```

IKEv2 がすでにサーバー上に設定されている場合は、この変数は IKEv2 モ
ードには影響しないことに注意してください。この場合は、IKEv2 を削除
し、カスタムオプションを使用して再度設定することができます。セクシ
ョン 3.6「ヘルパースクリプトを使用して IKEv2 を設定する」を参照してく
ださい。

VPN接続がアクティブなときに、指定されたパブリックIPをVPNクライアントの「送信IP」として使用するようにしたい場合、および指定されたIPがサーバーのメインIP（またはデフォルトルート）でない場合は、追加の構成が必要になることがあります。この場合、サーバーのIPTablesルールを変更する必要がある場合があります。再起動後も維持するには、これらのコマンドを /etc/rc.local に追加します。

上記の例を続けて、「送信IP」を 192.0.2.2 にしたい場合は、次のようにします。

```
# デフォルトのネットワークインターフェース名を取得する
netif=$(ip -4 route list 0/0 | grep -m 1 -Po '(?<=dev )(\S+)')
# MASQUERADEルールを削除する
iptables -t nat -D POSTROUTING -s 192.168.43.0/24 -o "$netif" \
  -m policy --dir out --pol none -j MASQUERADE
iptables -t nat -D POSTROUTING -s 192.168.42.0/24 -o "$netif" \
  -j MASQUERADE
# SNATルールを追加する
iptables -t nat -I POSTROUTING -s 192.168.43.0/24 -o "$netif" \
  -m policy --dir out --pol none -j SNAT --to 192.0.2.2
iptables -t nat -I POSTROUTING -s 192.168.42.0/24 -o "$netif" \
  -j SNAT --to 192.0.2.2
```

注: 上記の方法は、VPNサーバーのデフォルトのネットワークインターフェイスが複数のパブリックIPにマップされている場合にのみ適用されます。サーバーに複数のネットワークインターフェイスがあり、それぞれが異なるパブリックIPを持っている場合、この方法は機能しない可能性があります。

接続されているVPNクライアントの「送信IP」を確認するには、クライアントでブラウザを開き、GoogleでIPアドレスを検索します。

8.11 IPTablesルールの変更

インストール後にIPTablesルールを変更するには、/etc/iptables.rules および / または /etc/iptables/rules.v4（Ubuntu/Debian）、または /etc/sysconfig/iptables（CentOS/RHEL）を編集します。その後、サーバーを再起動します。

注: サーバーが CentOS Linux（または同様のもの）を実行しており、VPN
セットアップ中に firewalld がアクティブだった場合、nftables が設定され
ている可能性があります。この場合、/etc/sysconfig/iptables ではなく
/etc/sysconfig/nftables.conf を編集します。

9 IPsec VPN： VPNユーザーの管理

デフォルトでは、VPN ログイン用の単一のユーザーアカウントが作成され
ます。IPsec/L2TP および IPsec/XAuth（「Cisco IPsec」）モードのユーザ
ーを表示または管理する場合は、この章をお読みください。IKEv2 につい
ては、セクション 3.3「IKEv2 クライアントの管理」を参照してください。

9.1 ヘルパースクリプトを使用してVPNユーザーを管理する

ヘルパースクリプトを使用して、IPsec/L2TP モードと IPsec/XAuth
（「Cisco IPsec」）モードの両方で VPN ユーザーを追加、削除、または更
新できます。IKEv2 については、セクション 3.3「IKEv2 クライアントの管
理」を参照してください。

注： 以下のコマンド引数を独自の値に置き換えてください。VPN ユーザー
は /etc/ppp/chap-secrets および /etc/ipsec.d/passwd に保存されます。
スクリプトは変更を加える前にこれらのファイルを .old-date-time サフィ
ックスでバックアップします。

9.1.1 VPNユーザーを追加または編集する

新しい VPN ユーザーを追加するか、既存の VPN ユーザーを新しいパスワ
ードで更新します。

ヘルパースクリプトを実行し、プロンプトに従います。

```
sudo addvpnuser.sh
```

あるいは、引数を指定してスクリプトを実行することも可能です。

```
# すべての値は 'シングルクォート' で囲む必要があります
# これらの特殊文字を値に使用しないでください: \ " '
sudo addvpnuser.sh '追加するユーザー名' 'パスワード'
# または
sudo addvpnuser.sh '更新するユーザー名' '新しいパスワード'
```

9.1.2 VPNユーザーを削除する

指定された VPN ユーザーを削除します。

ヘルパースクリプトを実行し、プロンプトに従います。

```
sudo delvpnuser.sh
```

あるいは、引数を指定してスクリプトを実行することも可能です。

```
# すべての値は 'シングルクォート' で囲む必要があります
# これらの特殊文字を値に使用しないでください: \ " '
sudo delvpnuser.sh '削除するユーザー名'
```

9.1.3 すべてのVPNユーザーを更新する

既存のすべての VPN ユーザー を削除し、指定したユーザーのリストに置き換えます。

まず、ヘルパースクリプトをダウンロードします。

```
wget https://get.vpnsetup.net/updateusers -O updateusers.sh
```

重要: このスクリプトは、**既存のすべての VPN ユーザー** を削除し、指定したユーザーのリストに置き換えます。したがって、保持したい既存のユーザーを以下の変数に含める必要があります。

このスクリプトを使用するには、次のいずれかのオプションを選択します。

オプション 1: スクリプトを編集し、VPN ユーザーの詳細を入力します。

```
nano -w updateusers.sh
[独自の値に置き換えてください: YOUR_USERNAMES と YOUR_PASSWORDS]
sudo bash updateusers.sh
```

オプション 2: VPN ユーザーの詳細を環境変数として定義します。

```
# スペースで区切られた VPN ユーザー名とパスワードのリスト
# すべての値は 'シングルクォート' で囲む必要があります
# これらの特殊文字を値に使用しないでください: \ " '
sudo \
```

```
VPN_USERS='ユーザー名1 ユーザー名2 ...' \
VPN_PASSWORDS='パスワード1 パスワード2 ...' \
bash updateusers.sh
```

9.2 VPNユーザーを表示する

デフォルトでは、VPN セットアップスクリプトは、IPsec/L2TP モードと IPsec/XAuth（「Cisco IPsec」）モードの両方に対して同じ VPN ユーザーを作成します。

IPsec/L2TP の場合、VPN ユーザーは /etc/ppp/chap-secrets で指定されます。このファイルの形式は次のとおりです。

```
"ユーザー名1" l2tpd "パスワード1" *
"ユーザー名2" l2tpd "パスワード2" *
... ...
```

IPsec/XAuth（「Cisco IPsec」）の場合、VPN ユーザーは /etc/ipsec.d/passwd で指定されます。このファイル内のパスワードはソルト化され、ハッシュ化されます。詳細については、セクション 9.4「VPN ユーザーを手動で管理する」を参照してください。

9.3 IPsec PSKを表示または更新する

IPsec PSK（事前共有キー）は /etc/ipsec.secrets に保存されます。すべての VPN ユーザーは同じ IPsec PSK を共有します。このファイルの形式は次のとおりです。

```
%any  %any  : PSK "your_ipsec_pre_shared_key"
```

新しい PSK に変更するには、このファイルを編集するだけです。値には次の特殊文字を使用しないでください: \ " '

終了したらサービスを再起動する必要があります。

```
service ipsec restart
service xl2tpd restart
```

9.4 VPNユーザーを手動で管理する

IPsec/L2TP の場合、VPN ユーザーは /etc/ppp/chap-secrets で指定されます。このファイルの形式は次のとおりです。

```
"ユーザー名1" l2tpd "パスワード1" *
"ユーザー名2" l2tpd "パスワード2" *
... ...
```

ユーザーをさらに追加できます。各ユーザーごとに 1 行を使用してください。値には次の特殊文字を使用しないでください: \ " '

IPsec/XAuth（「Cisco IPsec」）の場合、VPN ユーザーは /etc/ipsec.d/passwd で指定されます。このファイルの形式は次のとおりです。

```
ユーザー名1:password1hashed:xauth-psk
ユーザー名2:password2hashed:xauth-psk
... ...
```

このファイル内のパスワードはソルト化されハッシュ化されています。この手順は、たとえば openssl ユーティリティを使用して実行できます。

```
# 出力はpassword1hashedになります
# パスワードは「シングルクォーテーション」で囲んでください
openssl passwd -1 'パスワード1'
```

10 IPsec VPN: VPNのアンインストール

10.1 ヘルパースクリプトを使用してアンインストールする

IPsec VPN をアンインストールするには、ヘルパースクリプトを実行してください。

警告: このヘルパースクリプトは、サーバーから IPsec VPN を削除します。すべての VPN 構成は 永久に削除 され、Libreswan と xl2tpd は削除されます。これは 元に戻すことはできません。

```
wget https://get.vpnsetup.net/unst -O unst.sh && sudo bash unst.sh
```

▼ ダウンロードできない場合は、以下の手順に従ってください。

curl を使用してダウンロードすることもできます。

```
curl -fsSL https://get.vpnsetup.net/unst -o unst.sh
sudo bash unst.sh
```

代替ダウンロードリンク:

```
https://github.com/hwdsl2/setup-ipsec-
vpn/raw/master/extras/vpnuninstall.sh
https://gitlab.com/hwdsl2/setup-ipsec-
vpn/-/raw/master/extras/vpnuninstall.sh
```

10.2 VPNを手動でアンインストールする

または、次の手順に従って IPsec VPN を手動でアンインストールすることもできます。コマンドは root として、または sudo を使用して実行する必要があります。

警告: これらの手順により、サーバーから IPsec VPN が削除されます。すべての VPN 構成は 永久に削除 され、Libreswan と xl2tpd は削除されます。これは 元に戻すことはできません。

10.2.0.1 最初のステップ

```
service ipsec stop
service xl2tpd stop
rm -rf /usr/local/sbin/ipsec /usr/local/libexec/ipsec \
       /usr/local/share/doc/libreswan
rm -f /etc/init/ipsec.conf /lib/systemd/system/ipsec.service \
      /etc/init.d/ipsec /usr/lib/systemd/system/ipsec.service \
      /etc/logrotate.d/libreswan \
      /usr/lib/tmpfiles.d/libreswan.conf
```

10.2.0.2 2番目のステップ

Ubuntu と Debian

```
apt-get purge xl2tpd
```

CentOS/RHEL、 Rocky Linux、 AlmaLinux、 Oracle Linux、 Amazon Linux 2

```
yum remove xl2tpd
```

Alpine Linux

```
apk del xl2tpd
```

10.2.0.3 3番目のステップ

Ubuntu、Debian、Alpine Linux

/etc/iptables.rules を編集し、不要なルールを削除します。元のルール（存在する場合）は /etc/iptables.rules.old-date-time としてバックアップされます。さらに、/etc/iptables/ を編集します。ファイルが存在する場合はrules.v4`を実行してください。

CentOS/RHEL、 Rocky Linux、 AlmaLinux、 Oracle Linux、 Amazon Linux 2

/etc/sysconfig/iptables を編集し、不要なルールを削除します。元のルール（ある場合）は /etc/sysconfig/iptables.old-date-time としてバックアップされます。

注: Rocky Linux、AlmaLinux、Oracle Linux 8、または CentOS/RHEL 8 を使用しており、VPN セットアップ中に firewalld がアクティブだった場合、nftables が構成されている可能性があります。/etc/sysconfig/nftables.conf を編集し、不要なルールを削除します。元のルールは /etc/sysconfig/nftables.conf.old-date-time としてバックアップされます。

10.2.0.4 4番目のステップ

/etc/sysctl.conf を編集し、# Added by hwdsl2 VPN script の後の行を削除します。
/etc/rc.local を編集し、# Added by hwdsl2 VPN script の後の行を削除します。exit 0（ある場合）は削除しないでください。

10.2.0.5 オプション

注: この手順はオプションです。

次の設定ファイルを削除してください:

- /etc/ipsec.conf*
- /etc/ipsec.secrets*
- /etc/ppp/chap-secrets*
- /etc/ppp/options.xl2tpd*
- /etc/pam.d/pluto
- /etc/sysconfig/pluto
- /etc/default/pluto
- /etc/ipsec.d (directory)
- /etc/xl2tpd (directory)

```
rm -f /etc/ipsec.conf* /etc/ipsec.secrets* \
      /etc/ppp/chap-secrets* \
      /etc/ppp/options.xl2tpd* \
      /etc/pam.d/pluto /etc/sysconfig/pluto \
      /etc/default/pluto
rm -rf /etc/ipsec.d /etc/xl2tpd
```

ヘルパースクリプトを削除します。

```
rm -f /usr/bin/ikev2.sh /opt/src/ikev2.sh \
    /usr/bin/addvpnuser.sh /opt/src/addvpnuser.sh \
    /usr/bin/delvpnuser.sh /opt/src/delvpnuser.sh
```

fail2banを削除してください:

注: これはオプションです。Fail2ban はサーバー上の SSH を保護するのに役立ちます。削除することはお勧めしません。

```
service fail2ban stop
# Ubuntu と Debian
apt-get purge fail2ban
# CentOS/RHEL、Rocky Linux、AlmaLinux、
# Oracle Linux と Amazon Linux 2
yum remove fail2ban
# Alpine Linux
apk del fail2ban
```

10.2.0.6 終了したら

サーバーを再起動します。

11 Docker 上に自前の IPsec VPN サーバーの構築方法

このプロジェクトをウェブで見る： https://github.com/hwdsl2/docker-ipsec-vpn-server

この Docker イメージを使用して、IPsec/L2TP、Cisco IPsec、IKEv2 を備えた IPsec VPN サーバーを実行してください。

このイメージは、Libreswan（IPsec VPN ソフトウエア）と xl2tpd（L2TP デーモン）を搭載した Alpine または Debian Linux に基づいています。

11.1 機能

- 強力で高速な暗号（例：AES-GCM）をサポートする IKEv2 をサポート
- iOS、macOS、Android デバイスを自動構成する VPN プロファイルを生成
- Windows、macOS、iOS、Android、Chrome OS、Linux を VPN クライアントとしてサポート
- IKEv2 ユーザーと証明書を管理するためのヘルパースクリプトを含む

11.2 クイックスタート

次のコマンドを使用して、Docker 上に IPsec VPN サーバーをセットアップします。

```
docker run \
    --name ipsec-vpn-server \
    --restart=always \
    -v ikev2-vpn-data:/etc/ipsec.d \
    -v /lib/modules:/lib/modules:ro \
    -p 500:500/udp \
    -p 4500:4500/udp \
    -d --privileged \
    hwdsl2/ipsec-vpn-server
```

VPN ログイン情報はランダムに生成されます。セクション 11.5.3「VPN ロ
グイン情報の取得」を参照してください。

この画像の使用方法の詳細については、以下のセクションをお読みくださ
い。

11.3 Dockerをインストールする

まず、Linux サーバーに Docker (https://docs.docker.com/engine/install/)
をインストールします。docker のエイリアス
(https://podman.io/whatis.html) を作成した後、Podman を使用してこのイ
メージを実行することも可能です。

上級ユーザーは、Docker for Mac を使用して macOS でこのイメージを使用
することが可能です。IPsec/L2TP モードを使用する前に、`docker restart
ipsec-vpn-server` を使用して Docker コンテナを一度再起動する必要があ
る場合があります。このイメージは Docker for Windows をサポートしてい
ません。

11.4 ダウンロード

Docker Hubレジストリから信頼できるビルドを取得する。
(https://hub.docker.com/r/hwdsl2/ipsec-vpn-server/):

```
docker pull hwdsl2/ipsec-vpn-server
```

または、Quay.ioからダウンロードすることもできます。
(https://quay.io/repository/hwdsl2/ipsec-vpn-server):

```
docker pull quay.io/hwdsl2/ipsec-vpn-server
docker image tag quay.io/hwdsl2/ipsec-vpn-server \
  hwdsl2/ipsec-vpn-server
```

サポートされているプラットフォーム: `linux/amd64`、`linux/arm64`、およ
び `linux/arm/v7`。

上級ユーザーは GitHub のソースコードからビルドできます。詳細について
は、セクション 12.11 を参照してください。

11.4.1 画像比較

2 つのビルド済みイメージが利用可能です。執筆時点では、デフォルトの
Alpine ベースのイメージは約 18 MB しかありません。

	Alpine ベース	**Debian ベース**
イメージ名	hwdsl2/ipsec-vpn-server	hwdsl2/ipsec-vpn-server:debian
圧縮サイズ	~ 18 MB	~ 63 MB
ベースイメージ	Alpine Linux	Debian Linux
プラットフォーム	amd64 、 arm64 、 arm/v7	amd64、arm64、arm/v7
IPsec/L2TP	✔	✔
Cisco IPsec	✔	✔
IKEv2	✔	✔

注: Debian ベースのイメージを使用するには、この章のすべての
`hwdsl2/ipsec-vpn-server` を `hwdsl2/ipsec-vpn-server:debian` に置き換え
ます。

11.5 この画像の使い方

11.5.1 環境変数

注: このイメージのすべての変数はオプションです。つまり、変数を入力
する必要がなく、すぐに IPsec VPN サーバーを利用することが可能です。
そのためには、`touch vpn.env` を使用して空の env ファイルを作成し、次の
セクションに進みます。

この Docker イメージは、env ファイルで宣言できる次の変数を使用してく
ださい。env ファイルの例については、セクション 11.11 を参照してくださ
い。

```
VPN_IPSEC_PSK=IPsec事前共有キー
VPN_USER=VPNユーザー名
VPN_PASSWORD=VPNパスワード
```

これにより、複数のデバイスで使用できる VPN ログイン用のユーザーアカウントが作成されます。IPsec PSK（事前共有キー）は、`VPN_IPSEC_PSK` 環境変数で指定されます。VPN ユーザー名は `VPN_USER` で定義され、VPN パスワードは `VPN_PASSWORD` で指定されます。

追加の VPN ユーザーがサポートされており、env ファイルで次のようにオプションで宣言できます。ユーザー名とパスワードはスペースで区切る必要があり、ユーザー名に重複を含めることはできません。すべての VPN ユーザーは同じ IPsec PSK を共有します。

```
VPN_ADDL_USERS=追加ユーザー名1 追加ユーザー名2
VPN_ADDL_PASSWORDS=追加パスワード1 追加パスワード2
```

注: env ファイルでは、値の前後に "" または '' を付けたり、= の前後にスペースを追加したりしないでください。値内にこれらの特殊文字を使用しないでください: \ " '。安全な IPsec PSK は、少なくとも 20 個のランダムな文字で構成されている必要があります。

注: Docker コンテナが既に作成された後に env ファイルを変更する場合、変更を有効にするにはコンテナを削除して再作成する必要があります。セクション 11.8 Docker イメージの更新を参照してください。

▼ オプションで、DNS 名、クライアント名、カスタム DNS サーバーを指定することもできます。

上級ユーザーは、オプションで IKEv2 サーバーアドレスの DNS 名を指定できます。DNS 名は完全修飾ドメイン名（FQDN）である必要があります。例:

```
VPN_DNS_NAME=vpn.example.com
```

最初の IKEv2 クライアントの名前を指定できます。1 つの単語のみを使用し、- と _ 以外の特殊文字は使用できません。指定しない場合は、デフォルトは `vpnclient` です。

```
VPN_CLIENT_NAME=クライアント名
```

デフォルトでは、VPN がアクティブな場合、クライアントは Google Public DNS を使用するように設定されています。すべての VPN モードに対してカスタム DNS サーバーを指定できます。例:

```
VPN_DNS_SRV1=1.1.1.1
VPN_DNS_SRV2=1.0.0.1
```

デフォルトでは、IKEv2 クライアント構成をインポートするときにパスワードは必要ありません。ランダムパスワードを使用してクライアント構成ファイルを保護することを選択できます。

```
VPN_PROTECT_CONFIG=yes
```

注: Docker コンテナで IKEv2 がすでに設定されている場合、上記の変数は IKEv2 モードには影響しません。この場合、IKEv2 を削除し、カスタムオプションを使用して再度設定することができます。セクション 11.9「IKEv2 VPN の設定と使用」を参照してください。

11.5.2 IPsec VPNサーバーを起動する

このイメージから新しい Docker コンテナを作成します（`./vpn.env` を独自の env ファイルに置き換えます）。

```
docker run \
    --name ipsec-vpn-server \
    --env-file ./vpn.env \
    --restart=always \
    -v ikev2-vpn-data:/etc/ipsec.d \
    -v /lib/modules:/lib/modules:ro \
    -p 500:500/udp \
    -p 4500:4500/udp \
    -d --privileged \
    hwdsl2/ipsec-vpn-server
```

このコマンドでは、`docker run` の `-v` オプションを使用して、`ikev2-vpn-data` という名前の新しい Docker ボリュームを作成し、それをコンテナ内の `/etc/ipsec.d` にマウントします。証明書やキーなどの IKEv2 関連データはボリューム内に保持され、後で Docker コンテナを再作成する必要があるときは、同じボリュームを再度指定するだけです。

このイメージを使用する場合は、IKEv2 を有効にすることをお勧めします。ただし、IKEv2 を有効にせず、IPsec/L2TP および IPsec/XAuth（「Cisco IPsec」）モードのみを使用して VPN に接続する場合は、上記の

110

docker run コマンドから最初の -v オプションを削除します。

注: 上級ユーザーは特権モードなしで実行することも可能です。詳細については、セクション 12.2 を参照してください。

11.5.3 VPNログイン情報を取得する

上記の docker run コマンドで env ファイルを指定しなかった場合、VPN_USER はデフォルトで vpnuser に設定され、VPN_IPSEC_PSK と VPN_PASSWORD は両方ともランダムに生成されます。これらを取得するには、コンテナログを表示します。

```
docker logs ipsec-vpn-server
```

出力で次の行を検索します。

```
Connect to your new VPN with these details:
```

```
Server IP: VPNサーバーのIP
IPsec PSK: IPsec事前共有キー
Username: VPNユーザー名
Password: VPNパスワード
```

有効になっている場合は、IKEv2 モードの詳細も出力に含まれます。

（オプション）生成された VPN ログイン情報（ある場合）を現在のディレクトリにバックアップします。

```
docker cp ipsec-vpn-server:/etc/ipsec.d/vpn-gen.env ./
```

11.6 次のステップ

コンピューターまたはデバイスで VPN を使用する方法です。以下を参照してください。

11.9 IKEv2 VPN を設定して使用する（推奨）
5 IPsec/L2TP VPN クライアントの構成
6 IPsec/XAuth（「Cisco IPsec」）VPN クライアントの構成

あなただけの VPN をお楽しみください!

11.7 重要な注意事項

Windows ユーザー：IPsec/L2TP モードの場合、VPN サーバーまたはクライアントが NAT（例：家庭用ルーター）の背後にある場合は、一度だけレジストリを変更（セクション 7.3.1 を参照）する必要があります。

同じ VPN アカウントを複数のデバイスで使用できます。ただし、IPsec/L2TP の制限により、同じ NAT（例：家庭用ルーター）の背後から複数のデバイスを接続する場合は、IKEv2 または IPsec/XAuth モードを使用する必要があります。

VPN ユーザーアカウントを追加、編集、または削除する場合は、まず env ファイルを更新し、次のセクションの手順に従って Docker コンテナーを削除して再作成する必要があります。上級ユーザーは env ファイルをバインドマウントできます。詳細については、セクション 12.13 を参照してください。

外部ファイアウォールを備えたサーバー（EC2/GCE など）の場合は、VPN 用に UDP ポート 500 と 4500 を開いてください。

VPN がアクティブな場合、クライアントは Google Public DNS を使用するように設定されます。別の DNS プロバイダーを希望する場合は、第 12 章「Docker VPN：高度な使用方法」を参照してください。

11.8 Docker イメージを更新する

Docker イメージとコンテナを更新するには、まず最新バージョンをダウンロードします。

```
docker pull hwdsl2/ipsec-vpn-server
```

Docker イメージがすでに最新である場合は、次のように表示されます。

```
Status: Image is up to date for hwdsl2/ipsec-vpn-server:latest
```

それ以外の場合は、最新バージョンがダウンロードされます。Docker コンテナを更新するには、まず VPN ログインの情報をすべて書き留めます（セクション 11.5.3 を参照）。次に、`docker rm -f ipsec-vpn-server` を使用して Docker コンテナを削除します。最後に、セクション 11.5 このイメージの使用方法の手順に従って再作成します。

11.9 IKEv2 VPNの設定と使用

IKEv2 モードは、IPsec/L2TP および IPsec/XAuth（「Cisco IPsec」）よりも改良されており、IPsec PSK、ユーザー名、またはパスワードは必要ありません。詳細については、第 3 章「ガイド： IKEv2 VPN の設定と使用方法」を参照してください。

まず、コンテナログをチェックして IKEv2 の詳細を表示します。

```
docker logs ipsec-vpn-server
```

注： IKEv2 の詳細が見つからない場合は、コンテナーで IKEv2 が有効になっていない可能性があります。セクション 11.8 Docker イメージの更新の手順に従って、Docker イメージとコンテナーを更新してみてください。

IKEv2 のセットアップ中に、IKEv2 クライアント（デフォルト名は vpnclient）が作成され、その構成が コンテナ内 の /etc/ipsec.d にエクスポートされます。構成ファイルを Docker ホストにコピーするには、次の手順を実行してください。

```
# コンテナ内の/etc/ipsec.dの内容を確認する
docker exec -it ipsec-vpn-server ls -l /etc/ipsec.d
# 例: コンテナからDockerホストの現在のディレクトリにクライアント設定ファイルを
コピーする
docker cp ipsec-vpn-server:/etc/ipsec.d/vpnclient.p12 ./
```

次の手順： IKEv2 VPN を使用するようにデバイスを構成します。詳細については、セクション 3.2 を参照してください。

▼ IKEv2 クライアントを管理する方法を学習します。

ヘルパースクリプトを使用して IKEv2 クライアントを管理することが可能です。以下の例を参照してください。クライアントオプションをカスタマイズするには、引数なしでスクリプトを実行してください。

```
# 新しいクライアントを追加する（デフォルトオプションを使用）
docker exec -it ipsec-vpn-server ikev2.sh \
  --addclient [クライアント名]
# 既存のクライアントを構成するをエクスポートする
docker exec -it ipsec-vpn-server ikev2.sh \
```

```
    --exportclient [クライアント名]
# 既存のクライアントを一覧表示する
docker exec -it ipsec-vpn-server ikev2.sh --listclients
# 使用方法を表示
docker exec -it ipsec-vpn-server ikev2.sh -h
```

注: 「実行可能ファイルが見つかりません」というエラーが発生した場合
は、上記の ikev2.sh を /opt/src/ikev2.sh に置き換えてください。
▼ IKEv2 サーバーアドレスを変更する方法について説明します。

特定の状況では、IKEv2 サーバーアドレスを変更する必要がある場合があ
ります。たとえば、DNS 名を使用するように切り替える場合や、サーバー
IP が変更された場合などです。IKEv2 サーバーアドレスを変更するには、
まずコンテナー内で bash シェルを開き（セクション 12.12 を参照）、次に
セクション 3.4 の手順に従います。Docker コンテナーを再起動するまで、
コンテナーログには新しい IKEv2 サーバーアドレスは表示されないことに
注意してください。

▼ IKEv2 を削除し、カスタムオプションを使用して再度設定します。

状況によっては、IKEv2 を削除し、カスタムオプションを使用して再度設
定する必要がある場合があります。

警告: 証明書とキーを含むすべての IKEv2 構成は永久に削除されます。こ
れは元に戻すことはできません。

オプション 1: IKEv2 を削除し、ヘルパースクリプトを使用して再度設定
します。

これにより、VPN_DNS_NAME や VPN_CLIENT_NAME などの env ファイルで指定
した変数が上書きされ、コンテナログに IKEv2 の最新情報が表示されなく
なることに注意してください。

```
# IKEv2を削除し、すべてのIKEv2設定を削除します
docker exec -it ipsec-vpn-server ikev2.sh --removeikev2
# カスタムオプションを使用してIKEv2を再度設定する
docker exec -it ipsec-vpn-server ikev2.sh
```

オプション 2: ikev2-vpn-data を削除し、コンテナを再作成します。

1. VPNログインの情報をすべて書き留めます（セクション 11.5.3 を参照）。
2. Docker コンテナを削除します: `docker rm -f ipsec-vpn-server`。
3. `ikev2-vpn-data` ボリュームを削除します: `docker volume rm ikev2-vpn-data`。
4. env ファイルを更新し、`VPN_DNS_NAME` や `VPN_CLIENT_NAME` などのカスタム IKEv2 オプションを追加して、コンテナを再作成します。セクション 11.5「このイメージの使用方法」を参照してください。

11.10 技術的な詳細

実行されているサービスは 2 つあります: IPsec VPN 用の Libreswan (pluto) と、L2TP サポート用の xl2tpd です。

デフォルトの IPsec 構成は以下をサポートします。

- PSK を使用した IPsec/L2TP
- PSK と XAuth を使用した IKEv1（「Cisco IPsec」）
- IKEv2

このコンテナが動作するために公開されるポートは次のとおりです。

- IPsec の場合は 4500/udp および 500/udp

11.11 VPN env ファイルの例

```
# 注: この画像の変数はすべてオプションです。
#     詳細についてはセクション11.5を参照してください。


# IPsec PSK、VPNユーザー名、パスワードを定義する
# – 値の周囲に "" や '' を付けたり、= の周囲にスペースを追加したりしないでください。
# – 値内にこれらの特殊文字を使用しないでください: \ " '
VPN_IPSEC_PSK=IPsec事前共有キー
VPN_USER=VPNユーザー名
VPN_PASSWORD=VPNパスワード


# 追加のVPNユーザーを定義する
```

# - 値の周囲に "" や ' ' を付けたり、= の周囲にスペースを追加したりしないでください。
# - 値内にこれらの特殊文字を使用しないでください: \ " '
# - ユーザー名とパスワードはスペースで区切る必要があります
VPN_ADDL_USERS=追加ユーザー名1 追加ユーザー名2
VPN_ADDL_PASSWORDS=追加パスワード1 追加パスワード2

# VPNサーバーのDNS名を使用する
# - DNS名は完全修飾ドメイン名（FQDN）である必要があります
VPN_DNS_NAME=vpn.example.com

# 最初のIKEv2クライアントの名前を指定します
# - 1つの単語のみ使用してください。'-'と'_'以外の特殊文字は使用できません。
# - 指定されていない場合はデフォルトは「vpnclient」です
VPN_CLIENT_NAME=クライアント名

# 代替DNSサーバーの使用
# - デフォルトでは、クライアントはGoogle Public DNSを使用するように設定されています
# - 以下の例はCloudflareのDNSサービスを示しています
VPN_DNS_SRV1=1.1.1.1
VPN_DNS_SRV2=1.0.0.1

# パスワードを使用して IKEv2 クライアント設定ファイルを保護する
# - デフォルトでは、IKEv2 クライアント構成をインポートするときにパスワードは必要ありません
# - ランダムなパスワードを使用してこれらのファイルを保護する場合は、この変数を設定します
VPN_PROTECT_CONFIG=yes

12 Docker VPN： 高度な使用方法

12.1 代替DNSサーバーの指定

デフォルトでは、VPN がアクティブな場合、クライアントは Google Public DNS を使用するように設定されています。別の DNS プロバイダーを優先する場合は、env ファイルで VPN_DNS_SRV1 とオプションで VPN_DNS_SRV2 を定義し、セクション 11.8 の手順に従って Docker コンテナを再作成します。例：

```
VPN_DNS_SRV1=1.1.1.1
VPN_DNS_SRV2=1.0.0.1
```

プライマリ DNS サーバーを指定するには VPN_DNS_SRV1 を使用し、セカンダリ DNS サーバーを指定するには VPN_DNS_SRV2 を使用します（オプション）。一般的なパブリック DNS プロバイダーの一覧については、セクション 2.8「VPN オプションのカスタマイズ」を参照してください。

なお、Docker コンテナ内に IKEv2 がすでに設定されている場合は、Docker コンテナ内の /etc/ipsec.d/ikev2.conf を編集し、8.8.8.8 と 8.8.4.4 を代替 DNS サーバーに置き換えてから、Docker コンテナを再起動する必要があります。

12.2 特権モードなしで実行

上級ユーザーは、特権モードを使用せずにこのイメージから Docker コンテナを作成できます（以下のコマンドの ./vpn.env を独自の env ファイルに置き換えます）。

注： Docker ホストが CentOS Stream、Oracle Linux 8+、Rocky Linux、または AlmaLinux を実行している場合は、特権モードを使用することをお勧めします（セクション 11.5.2 を参照）。特権モードなしで実行する場合は、Docker コンテナを作成する前と起動時に modprobe ip_tables を 必ず 実行してください。

```
docker run \
    --name ipsec-vpn-server \
```

```
--env-file ./vpn.env \
--restart=always \
-v ikev2-vpn-data:/etc/ipsec.d \
-p 500:500/udp \
-p 4500:4500/udp \
-d --cap-add=NET_ADMIN \
--device=/dev/ppp \
--sysctl net.ipv4.ip_forward=1 \
--sysctl net.ipv4.conf.all.accept_redirects=0 \
--sysctl net.ipv4.conf.all.send_redirects=0 \
--sysctl net.ipv4.conf.all.rp_filter=0 \
--sysctl net.ipv4.conf.default.accept_redirects=0 \
--sysctl net.ipv4.conf.default.send_redirects=0 \
--sysctl net.ipv4.conf.default.rp_filter=0 \
hwdsl2/ipsec-vpn-server
```

特権モードなしで実行している場合、コンテナは sysctl 設定を変更できません。これは、このイメージの特定の機能に影響を与える可能性があります。既知の問題として、Android/Linux MTU/MSS 修正（セクション 7.3.6 ）では、docker run コマンドに --sysctl net.ipv4.ip_no_pmtu_disc=1 も追加する必要があります。問題が発生した場合は、特権モードを使用してコンテナを再作成してみてください（セクション 11.5.2 を参照）。

Docker コンテナを作成したら、セクション 11.5.3 「VPN ログイン情報の取得」を参照してください。

同様に、Docker Compose を使用する場合は、https://github.com/hwdsl2/docker-ipsec-vpn-server/blob/master/docker-compose.yml の privileged: true を次のように置き換えることができます。

```
cap_add:
  - NET_ADMIN
devices:
  - "/dev/ppp:/dev/ppp"
sysctls:
  - net.ipv4.ip_forward=1
  - net.ipv4.conf.all.accept_redirects=0
```

```
- net.ipv4.conf.all.send_redirects=0
- net.ipv4.conf.all.rp_filter=0
- net.ipv4.conf.default.accept_redirects=0
- net.ipv4.conf.default.send_redirects=0
- net.ipv4.conf.default.rp_filter=0
```

詳細については、compose ファイルリファレンスを参照してください。
https://docs.docker.com/compose/compose-file/

12.3 VPNモードを選択

この Docker イメージを使用すると、IPsec/L2TP および IPsec/XAuth（「Cisco IPsec」）モードがデフォルトで有効になります。また、Docker コンテナの作成時に docker run コマンドで -v ikev2-vpn-data:/etc/ipsec.d オプションを指定すると、IKEv2 モードが有効になります。セクション 11.5.2 を参照してください。

上級ユーザーは、env ファイルで次の変数を設定して VPN モードを選択的に無効にし、Docker コンテナを再作成できます。

IPsec/L2TP モードを無効にする:

```
VPN_DISABLE_IPSEC_L2TP=yes
```

IPsec/XAuth（「Cisco IPsec」）モードを無効にする:

```
VPN_DISABLE_IPSEC_XAUTH=yes
```

IPsec/L2TP モードと IPsec/XAuth モードの両方を無効にします:

```
VPN_IKEV2_ONLY=yes
```

12.4 Dockerホスト上の他のコンテナにアクセスする

VPN に接続すると、通常、VPN クライアントは追加の構成なしで、同じ Docker ホスト上の他のコンテナーで実行されているサービスにアクセスできます。

たとえば、IPsec VPN サーバーコンテナーの IP が 172.17.0.2 で、IP が 172.17.0.3 の Nginx コンテナーが同じ Docker ホスト上で実行されている場合、VPN クライアントは IP 172.17.0.3 を使用して Nginx コンテナー上のサービスにアクセスできます。コンテナーに割り当てられている IP を確認するには、docker inspect [コンテナー名] を実行してください。

12.5 VPNサーバーのパブリックIPを指定する

複数のパブリック IP アドレスを持つ Docker ホストでは、上級ユーザーは env ファイル内の変数 VPN_PUBLIC_IP を使用して VPN サーバーのパブリック IP を指定し、Docker コンテナーを再作成できます。たとえば、Docker ホストに IP 192.0.2.1 と 192.0.2.2 があり、VPN サーバーで 192.0.2.2 を使用する場合は、次のようになります。

```
VPN_PUBLIC_IP=192.0.2.2
```

IKEv2 が Docker コンテナにすでに設定されている場合、この変数は IKEv2 モードには影響しないことに注意してください。この場合、IKEv2 を削除し、カスタムオプションを使用して再度設定することができます。セクション 11.9 IKEv2 VPN の設定と使用を参照してください。

VPN 接続がアクティブなときに、VPN クライアントが指定されたパブリック IP を「送信 IP」として使用するようにしたい場合、および指定された IP が Docker ホスト上のメイン IP（またはデフォルトルート）でない場合は、追加の構成が必要になることがあります。この場合、Docker ホストに IPTables SNAT ルールを追加してみてください。再起動後も維持するには、/etc/rc.local にコマンドを追加できます。

上記の例を続けると、Docker コンテナの内部 IP が 172.17.0.2 である場合（docker inspect ipsec-vpn-server を使用して確認）、Docker のネットワークインターフェイス名は docker0（iptables -nvL -t nat を使用して確認）、「送信 IP」を 192.0.2.2 にします。

```
iptables -t nat -I POSTROUTING -s 172.17.0.2 ! -o docker0 \
  -j SNAT --to 192.0.2.2
```

接続されている VPN クライアントの「送信 IP」を確認するには、クライアントでブラウザを開き、Google で IP アドレスを検索します。

12.6 VPNクライアントに静的IPを割り当てる

IPsec/L2TP モードで接続する場合、VPN サーバー（Docker コンテナ）は VPN サブネット 192.168.42.0/24 内に内部 IP 192.168.42.1 を持ちます。クライアントには 192.168.42.10 から 192.168.42.250 までの内部 IP が割り当てられます。クライアントに割り当てられている IP を確認するには、VPN クライアントで接続ステータスを表示します。

IPsec/XAuth（「Cisco IPsec」）または IKEv2 モードを使用して接続する場合、VPN サーバー（Docker コンテナ）には VPN サブネット 192.168.43.0/24 内に内部 IP がありません。クライアントには 192.168.43.10 から 192.168.43.250 までの内部 IP が割り当てられます。

上級ユーザーは、オプションで VPN クライアントに静的 IP を割り当てることができます。IKEv2 モードではこの機能はサポートされていません。静的 IP を割り当てるには、env ファイルで `VPN_ADDL_IP_ADDRS` 変数を宣言してから、Docker コンテナを再作成します。例:

```
VPN_ADDL_USERS=user1 user2 user3 user4 user5
VPN_ADDL_PASSWORDS=pass1 pass2 pass3 pass4 pass5
VPN_ADDL_IP_ADDRS=* * 192.168.42.2 192.168.43.2
```

この例では、IPsec/L2TP モードの user3 に静的 IP 192.168.42.2 を割り当て、IPsec/XAuth（「Cisco IPsec」）モードの user4 に静的 IP 192.168.43.2 を割り当てます。user1、user2、および user5 の内部 IP は自動的に割り当てられます。IPsec/XAuth モードの user3 の内部 IP と IPsec/L2TP モードの user4 の内部 IP も自動的に割り当てられます。自動割り当てされる IP を指定するには * を使用するか、それらのユーザーをリストの末尾に置くことができます。

IPsec/L2TP モードに指定する静的 IP は、192.168.42.2 から 192.168.42.9 の範囲内である必要があります。IPsec/XAuth（「Cisco IPsec」）モードに指定する静的 IP は、192.168.43.2 から 192.168.43.9 の範囲内である必要があります。

さらに多くの静的 IP を割り当てる必要がある場合は、自動割り当て IP アドレスのプールを縮小する必要があります。例:

```
VPN_L2TP_POOL=192.168.42.100-192.168.42.250
VPN_XAUTH_POOL=192.168.43.100-192.168.43.250
```

これにより、IPsec/L2TP モードの場合は 192.168.42.2 から 192.168.42.99 までの範囲内で、IPsec/XAuth（「Cisco IPsec」）モードの場合は 192.168.43.2 から 192.168.43.99 までの範囲内で静的 IP を割り当てることができます。

env ファイルで VPN_XAUTH_POOL を指定し、Docker コンテナで IKEv2 がすでに設定されている場合は、Docker コンテナを再作成する前に、コンテナ内の /etc/ipsec.d/ikev2.conf を手動で編集し、rightaddresspool=192.168.43.10-192.168.43.250 を VPN_XAUTH_POOL と同じ値に置き換える必要があります。そうしないと、IKEv2 が機能しなくなる可能性があります。

注: env ファイルでは、値の前後に "" や '' を付けたり、= の前後にスペースを追加したりしないでください。値内には特殊文字 \ " ' を使用しないでください。

12.7 内部VPNサブネットのカスタマイズ

デフォルトでは、IPsec/L2TP VPN クライアントは内部 VPN サブネット 192.168.42.0/24 を使用し、IPsec/XAuth（「Cisco IPsec」）および IKEv2 VPN クライアントは内部 VPN サブネット 192.168.43.0/24 を使用してください。詳細については、前のセクションを参照してください。

ほとんどのユースケースでは、これらのサブネットをカスタマイズする必要はなく、推奨もされません。ただし、ユースケースで必要な場合は、env ファイルでカスタムサブネットを指定できますが、その場合は Docker コンテナを再作成する必要があります。

```
# 例: IPsec/L2TP モードのカスタム VPN サブネットを指定する
# 注: 3 つの変数をすべて指定する必要があります。
VPN_L2TP_NET=10.1.0.0/16
VPN_L2TP_LOCAL=10.1.0.1
VPN_L2TP_POOL=10.1.0.10-10.1.254.254

# 例: IPsec/XAuth および IKEv2 モードのカスタム VPN サブネットを指定する
# 注: 両方の変数を指定する必要があります。
VPN_XAUTH_NET=10.2.0.0/16
VPN_XAUTH_POOL=10.2.0.10-10.2.254.254
```

注: env ファイルでは、値の前後に "" や '' を付けたり、= の前後にスペースを追加したりしないでください。

上記の例では、VPN_L2TP_LOCAL は、IPsec/L2TP モードの VPN サーバーの内部 IP です。VPN_L2TP_POOL と VPN_XAUTH_POOL は、VPN クライアントに自動的に割り当てられる IP アドレスのプールです。

env ファイルで VPN_XAUTH_POOL を指定し、Docker コンテナで IKEv2 がすでに設定されている場合は、Docker コンテナを再作成する前に、コンテナ内 の /etc/ipsec.d/ikev2.conf を 手 動 で 編 集 し、rightaddresspool=192.168.43.10-192.168.43.250 を VPN_XAUTH_POOL と同じ値に置き換える必要があります。そうしないと、IKEv2 が機能しなくなる可能性があります。

12.8 ホストネットワークモードについて

上級ユーザーは、docker run コマンドに --network=host を追加することで、このイメージをホストネットワークモード (https://docs.docker.com/network/host/) で実行できます。

ユースケースで必要な場合を除き、このイメージではホストネットワークモードは推奨されません。このモードでは、コンテナーのネットワークスタックは Docker ホストから分離されず、VPN クライアントは IPsec/L2TP モードで接続した後、内部 VPN IP 192.168.42.1 を使用して Docker ホストのポートまたはサービスにアクセスできる可能性があります。このイメージを使用しなくなった場合は、run.sh (https://github.com/hwdsl2/docker-ipsec-vpn-server/blob/master/run.sh) で IPTables ルールと sysctl 設定の変更を手動でクリーンアップするか、サーバーを再起動する必要があることに注意してください。

Debian 10 などの一部の Docker ホスト OS では、nftables の使用により、このイメージをホストネットワークモードで実行できません。

12.9 Libreswan ログを有効にする

Docker イメージを小さく保つため、Libreswan（IPsec）ログはデフォルトでは有効になっていません。トラブルシューティングのために有効にする必要がある場合は、まず実行中のコンテナで Bash セッションを開始してくだ

さい。

```
docker exec -it ipsec-vpn-server env TERM=xterm bash -l
```

次に、次を実行してください。

```
# Alpineベースのイメージの場合
apk add --no-cache rsyslog
rsyslogd
rc-service ipsec stop; rc-service -D ipsec start >/dev/null 2>&1
sed -i '\|pluto\.pid|a rm -f /var/run/rsyslogd.pid; rsyslogd' \
  /opt/src/run.sh
exit
# Debianベースのイメージの場合
apt-get update && apt-get -y install rsyslog
rsyslogd
service ipsec restart
sed -i '\|pluto\.pid|a rm -f /var/run/rsyslogd.pid; rsyslogd' \
  /opt/src/run.sh
exit
```

注: この Docker イメージを特権モードなしで使用する場合、エラー「rsyslogd: imklog: cannot open kernel log」は正常です。

完了したら、次のコマンドで Libreswan ログを確認できます。

```
docker exec -it ipsec-vpn-server grep pluto /var/log/auth.log
```

xl2tpd ログを確認するには、docker logs ipsec-vpn-server を実行してください。

12.10 サーバーの状態を確認する

IPsec VPN サーバーのステータスを確認してください。

```
docker exec -it ipsec-vpn-server ipsec status
```

現在確立されている VPN 接続を表示します。

```
docker exec -it ipsec-vpn-server ipsec trafficstatus
```

12.11 ソースコードからビルドする

上級ユーザーは、GitHub からソースコードをダウンロードしてコンパイルできます。

```
git clone https://github.com/hwdsl2/docker-ipsec-vpn-server
cd docker-ipsec-vpn-server
# Alpineベースのイメージを構築するには
docker build -t hwdsl2/ipsec-vpn-server .
# Debianベースのイメージを構築するには
docker build -f Dockerfile.debian \
  -t hwdsl2/ipsec-vpn-server:debian .
```

または、ソースコードを変更しない場合は、これを使用してください。

```
# Alpineベースのイメージを構築するには
docker build -t hwdsl2/ipsec-vpn-server \
  github.com/hwdsl2/docker-ipsec-vpn-server
# Debianベースのイメージを構築するには
docker build -f Dockerfile.debian \
  -t hwdsl2/ipsec-vpn-server:debian \
  github.com/hwdsl2/docker-ipsec-vpn-server
```

12.12 コンテナ内のBashシェル

実行中のコンテナで Bash セッションを開始するには:

```
docker exec -it ipsec-vpn-server env TERM=xterm bash -l
```

（オプション）nano エディターをインストールします。

```
# Alpineベースのイメージの場合
apk add --no-cache nano
# Debianベースのイメージの場合
apt-get update && apt-get -y install nano
```

次に、コンテナ内でコマンドを実行してください。完了したら、コンテナを終了し、必要に応じて再起動します。

```
exit
docker restart ipsec-vpn-server
```

12.13 envファイルをバインドマウントする

--env-file オプションの代わりに、上級ユーザーは env ファイルをバインドマウントできます。この方法の利点は、env ファイルを更新した後、Docker コンテナを再作成するのではなく、再起動して有効にできることです。この方法を使用するには、まず env ファイルを編集し、すべての変数の値を一重引用符 '' で囲む必要があります。次に、Docker コンテナを（再）作成します（最初の vpn.env を独自の env ファイルに置き換えます）。

```
docker run \
    --name ipsec-vpn-server \
    --restart=always \
    -v "$(pwd)/vpn.env:/opt/src/env/vpn.env:ro" \
    -v ikev2-vpn-data:/etc/ipsec.d \
    -v /lib/modules:/lib/modules:ro \
    -p 500:500/udp \
    -p 4500:4500/udp \
    -d --privileged \
    hwdsl2/ipsec-vpn-server
```

12.14 IKEv2のスプリットトンネリング

スプリットトンネリングを使用すると、VPN クライアントは特定の宛先サブネットへのトラフィックのみを VPN トンネル経由で送信します。その他のトラフィックは VPN トンネルを経由しません。これにより、すべてのクライアントのトラフィックを VPN 経由でルーティングすることなく、VPN 経由でネットワークに安全にアクセスできるようになります。スプリットトンネリングにはいくつかの制限があり、すべての VPN クライアントでサポートされているわけではありません。

上級ユーザーは、オプションで IKEv2 モードのスプリットトンネリングを有効にすることが可能です。env ファイルに変数 VPN_SPLIT_IKEV2 を追加し、Docker コンテナを再作成します。たとえば、宛先サブネットが 10.123.123.0/24 の場合:

```
VPN_SPLIT_IKEV2=10.123.123.0/24
```

IKEv2 が Docker コンテナにすでに設定されている場合は、この変数は効果がないことに注意してください。この場合、次の 2 つのオプションがあります。

オプション 1:　まずコンテナ内で Bash シェルを起動し（セクション 12.12 を参照）、`/etc/ipsec.d/ikev2.conf` を編集して `leftsubnet=0.0.0.0/0` を目的のサブネットに置き換えます。完了したら、コンテナを `exit` し、`docker restart ipsec-vpn-server` を実行してください。

オプション 2:　Docker コンテナと `ikev2-vpn-data` ボリュームの両方を削除し、Docker コンテナを再作成します。すべての VPN 構成は永久に削除されます。セクション 11.9 IKEv2 VPN の設定と使用の「IKEv2 の削除」を参照してください。

あるいは、Windows ユーザーは手動でルートを追加してスプリットトンネリングを有効にすることもできます。詳細については、セクション 8.7 スプリットトンネリングを参照してください。

13 自前のOpenVPNサーバーの構築方法

このプロジェクトをウェブで見る：https://github.com/hwdsl2/openvpn-install

この OpenVPN サーバーインストールスクリプトを使用すると、これまで OpenVPN を使用したことがない場合でも、わずか数分で自前の VPN サーバーをセットアップできます。OpenVPN は、オープンソースで堅牢かつ柔軟性に優れた VPN プロトコルです。

このスクリプトは、Ubuntu、Debian、AlmaLinux、Rocky Linux、CentOS、Fedora、openSUSE、Amazon Linux 2、Raspberry Pi OS をサポートしています。

13.1 機能

- 完全自動化された OpenVPN サーバーのセットアップ、ユーザー入力不要
- カスタムオプションを使用した対話型インストールをサポート
- Windows、macOS、iOS、Android デバイスを自動構成する VPN プロファイルを生成
- OpenVPN ユーザーと証明書の管理をサポート
- sysctl 設定を最適化して VPN パフォーマンスを向上

13.2 インストール

まず、Linux サーバーにスクリプトをダウンロードします*。

```
wget -O openvpn.sh https://get.vpnsetup.net/ovpn
```

* クラウドサーバー、仮想プライベートサーバー（VPS）、または専用サーバー。

オプション 1: デフォルトのオプションを使用して OpenVPN を自動インストールすることが可能です。

```
sudo bash openvpn.sh --auto
```

一方で、外部ファイアウォールを備えたサーバー（EC2/GCE など）の場合
は、VPN 用に UDP ポート 1194 を開いてください。

出力例:

```
$ sudo bash openvpn.sh --auto


OpenVPN Script
https://github.com/hwdsl2/openvpn-install


Starting OpenVPN setup using default options.


Server IP: 192.0.2.1
Port: UDP/1194
Client name: client
Client DNS: Google Public DNS


Installing OpenVPN, please wait...
+ apt-get -yqq update
+ apt-get -yqq --no-install-recommends install openvpn
+ apt-get -yqq install openssl ca-certificates
+ ./easyrsa --batch init-pki
+ ./easyrsa --batch build-ca nopass
+ ./easyrsa --batch --days=3650 build-server-full server nopass
+ ./easyrsa --batch --days=3650 build-client-full client nopass
+ ./easyrsa --batch --days=3650 gen-crl
+ openvpn --genkey --secret /etc/openvpn/server/tc.key
+ systemctl enable --now openvpn-iptables.service
+ systemctl enable --now openvpn-server@server.service

Finished!


The client configuration is available in: /root/client.ovpn
New clients can be added by running this script again.
```

セットアップ後、スクリプトを再度実行してユーザーを管理したり、
OpenVPN をアンインストールしたりすることが可能です。

次の手順: コンピューターまたはデバイスで VPN を使用する方法です。以下を参照してください。

14 OpenVPNクライアントの構成

あなただけの VPN をお楽しみください!

オプション 2: カスタムオプションを使用した対話型インストール。

```
sudo bash openvpn.sh
```

次のオプションをカスタマイズすることが可能です: VPN サーバーの DNS 名、プロトコル (TCP/UDP) とポート、VPN クライアントの DNS サーバー、および最初のクライアントの名前。

外部ファイアウォールを備えたサーバーの場合は、VPN 用に選択した TCP ポートまたは UDP ポートを開いてください。

手順の例 (独自の値に置き換えてください):

注: これらのオプションは、スクリプトの新しいバージョンでは変更される可能性があります。必要なオプションを選択する前に、よくお読みください。

```
$ sudo bash openvpn.sh

Welcome to this OpenVPN server installer!
GitHub: https://github.com/hwdsl2/openvpn-install

I need to ask you a few questions before starting setup. You can
use the default options and just press enter if you are OK with
them.
```

最初に、VPN サーバーの DNS 名を入力してください。

```
Do you want OpenVPN clients to connect to this server using a DNS
name, e.g. vpn.example.com, instead of its IP address? [y/N] y

Enter the DNS name of this VPN server: vpn.example.com
```

次に、OpenVPN のプロトコルとポートを選択してください。

```
Which protocol should OpenVPN use?
    1) UDP (recommended)
    2) TCP
Protocol [1]:

Which port should OpenVPN listen to?
Port [1194]:
```

そして、DNS サーバーを選択し。

```
Select a DNS server for the clients:
    1) Current system resolvers
    2) Google Public DNS
    3) Cloudflare DNS
    4) OpenDNS
    5) Quad9
    6) AdGuard DNS
    7) Custom
DNS server [2]:
```

その上で、最初のクライアントの名前を指定してください。

```
Enter a name for the first client:
Name [client]:
```

最後に、OpenVPN のインストールを確認して開始してください。

```
OpenVPN installation is ready to begin.
Do you want to continue? [Y/n]
```

▼ ダウンロードできない場合は、以下の手順に従ってください。

curl を使用してダウンロードすることもできます。

```
curl -fL -o openvpn.sh https://get.vpnsetup.net/ovpn
```

次に、上記の手順に従ってインストールします。

代替ダウンロードリンク:

```
https://github.com/hwdsl2/openvpn-install/raw/master/openvpn-
install.sh
```

```
https://gitlab.com/hwdsl2/openvpn-install/-/raw/master/openvpn-
install.sh
```

▼ 詳細: カスタムオプションを使用して自動インストールすることが可能
です。

上級ユーザーは、スクリプトの実行時にコマンドラインオプションを指定す
ることにより、カスタムオプションを使用して OpenVPN を自動インストー
ルできます。詳細については、以下を実行してください。

```
sudo bash openvpn.sh -h
```

あるいは、セットアップスクリプトへの入力として Bash の「here
document」を提供することもできます。この方法は、インストール後にユー
ザーを管理するための入力を提供するためにも使用できます。

まず、カスタムオプションを使用して OpenVPN を対話的にインストール
し、スクリプトへの入力をすべて書き留めます。

```
sudo bash openvpn.sh
```

OpenVPN を削除する必要がある場合は、スクリプトを再度実行し、適切な
オプションを選択します。

次に、入力内容を使用してカスタムインストールコマンドを作成します。
例:

```
sudo bash openvpn.sh <<ANSWERS
n
1
1194
2
client
y
ANSWERS
```

注: インストールオプションは、スクリプトの将来のバージョンで変更さ
れる可能性があります。

13.3 次のステップ

セットアップ後、スクリプトを再度実行してユーザーを管理したり、OpenVPN をアンインストールしたりすることが可能です。

コンピューターまたはデバイスで VPN を使用する方法です。以下を参照してください。

14 OpenVPNクライアントの構成

あなただけの VPN をお楽しみください!

14 OpenVPNクライアントの構成

OpenVPN クライアント (https://openvpn.net/vpn-client/) は、Windows、macOS、iOS、または Android で利用することが可能です。macOS ユーザーは Tunnelblick (https://tunnelblick.net) も使用することが可能です。

VPN 接続を追加するには、まず生成された .ovpn ファイルをデバイスに転送し、次に OpenVPN アプリを開いて VPN プロファイルをインポートしてください。

OpenVPN クライアントを管理するには、インストールスクリプトを再度実行してください: `sudo bash openvpn.sh`。詳細については、第 15 章を参照してください。

- プラットフォーム
  - Windows
  - macOS
  - Android
  - iOS（iPhone/iPad）

OpenVPN クライアント:
https://openvpn.net/vpn-client/

14.1 Windows

1. 最初に、生成された .ovpn ファイルを安全にコンピューターに転送してください。
2. 次に、**OpenVPN Connect** VPN クライアントをインストールして起動してください。
3. さらに、**Get connected** 画面で、**Upload file** タブをクリックしてください。
4. そして、.ovpn ファイルをウィンドウにドラッグアンドドロップするか、.ovpn ファイルを参照して選択し、開く をクリックしてください。
5. 最後に、**Connect**をクリックしてください。

14.2 macOS

1. 最初に、生成された .ovpn ファイルを安全にコンピューターに転送してください。
2. 次に、Tunnelblick (https://tunnelblick.net) をインストールして起動してください。
3. そして、ようこそ画面で、設定ファイルがある をクリックしてください。
4. 続いて、接続先を追加します 画面で、了解 をクリックしてください。
5. さらに、メニューバーの Tunnelblick アイコンをクリックし、VPN の詳細 を選択してください。
6. その上で、.ovpn ファイルを 接続先 ウィンドウ（左ペイン）にドラッグアンドドロップしてください。
7. 加えて、画面の指示に従って OpenVPN プロファイルをインストールしてください。
8. 最後に、接続 をクリックしてください。

14.3 Android

1. 最初に、生成された .ovpn ファイルを Android デバイスに安全に転送してください。
2. 次に、Google Play から OpenVPN Connect をインストールして起動してください。
3. さらに、Get connected 画面で、Upload file タブをタップしてください。
4. そして、Browse をタップし、.ovpn ファイルを参照して選択してください。

   注: .ovpn ファイルを見つけるには、3 行のメニューボタンをタップし、ファイルを保存した場所を参照してください。
5. 最後に、Imported Profile 画面で、Connect をタップしてください。

14.4 iOS（iPhone/iPad）

まず、App Store から OpenVPN Connect をインストールして起動してください。次に、生成された .ovpn ファイルを iOS デバイスに安全に転送してください。ファイルを転送するには、次の方法を使用することが可能で

す。

1. ファイルを AirDrop して OpenVPN で開く、または
2. ファイル共有 (https://support.apple.com/ja-jp/119585) を使用してデバイス（OpenVPN App フォルダ）にアップロードし、OpenVPN Connect App を起動して **File** タブをタップしてください。

完了したら、**Add** をタップして VPN プロファイルをインポートし、**Connect** をタップしてください。

OpenVPN Connect アプリの設定をカスタマイズするには、3 行のメニューボタンをタップし、**Settings** をタップしてください。

15 OpenVPN: VPNクライアントの管理

サーバーに OpenVPN を設定したら、この章の手順に従って OpenVPN クライアントを管理することが可能です。

たとえば、追加のコンピューターやモバイルデバイス用にサーバーに新しい VPN クライアントを追加したり、既存のクライアントを一覧表示したり、既存のクライアントの構成をエクスポートしたりすることが可能です。

OpenVPN クライアントを管理するには、まず SSH を使用してサーバーに接続し、次を実行してください。

```
sudo bash openvpn.sh
```

次のオプションが表示されます。

```
OpenVPN is already installed.

Select an option:
 1) Add a new client
 2) Export config for an existing client
 3) List existing clients
 4) Revoke an existing client
 5) Remove OpenVPN
 6) Exit
```

次に、OpenVPN クライアントを追加、エクスポート、リスト、または取り消すための必要なオプションを入力することが可能です。

注: これらのオプションは、スクリプトの新しいバージョンでは変更される可能性があります。必要なオプションを選択する前に、よくお読みください。

あるいは、コマンドラインオプションを使用して openvpn.sh を実行することも可能です。詳細については以下を参照してください。

15.1 新しいクライアントを追加するには

新しい OpenVPN クライアントを追加するには:

1. メニューからオプション 1 を選択するには、「1」と入力して Enter キーを押してください。
2. 次に、新しいクライアントの名前を入力してください。

あるいは、--addclient オプションを指定して openvpn.sh を実行することも可能です。使用方法を表示するには、オプション -h を使用してください。

```
sudo bash openvpn.sh --addclient [クライアント名]
```

次の手順: OpenVPN クライアントの構成。詳細については、第 14 章を参照してください。

15.2 既存のクライアントをエクスポートするには

既存のクライアントの OpenVPN 構成をエクスポートするには:

1. メニューからオプション 2 を選択し、2 と入力して Enter キーを押してください。
2. 次に、既存のクライアントのリストから、エクスポートするクライアントを選択してください。

あるいは、--exportclient オプションを指定して openvpn.sh を実行することも可能です。

```
sudo bash openvpn.sh --exportclient [クライアント名]
```

15.3 既存のクライアントを一覧表示するには

メニューからオプション 3 を選択し、3 と入力して Enter キーを押してください。スクリプトによって既存の OpenVPN クライアントのリストが表示されます。

あるいは、--listclients オプションを指定して openvpn.sh を実行することも可能です。

```
sudo bash openvpn.sh --listclients
```

15.4 クライアントを取り消すには

特定の状況では、以前に生成された OpenVPN クライアント証明書を取り消す必要があります。

1. メニューからオプション 4 を選択し、4 と入力して Enter キーを押してください。
2. 次に、既存のクライアントのリストから、取り消すクライアントを選択してください。
3. そして、クライアントの失効を確認してください。

あるいは、--revokeclient オプションを指定して openvpn.sh を実行することも可能です。

```
sudo bash openvpn.sh --revokeclient [クライアント名]
```

16 自前の**WireGuard VPN**サーバーの構築方法

このプロジェクトをウェブで見る：https://github.com/hwdsl2/wireguard-install

この WireGuard VPN サーバーインストールスクリプトを使用すると、これまで WireGuard を使用したことがない場合でも、わずか数分で自前の VPN サーバーをセットアップできます。WireGuard は、使いやすさと高パフォーマンスを目標に設計された高速で最新の VPN です。

このスクリプトは、Ubuntu、Debian、AlmaLinux、Rocky Linux、CentOS、Fedora、openSUSE、Raspberry Pi OS をサポートしています。

16.1 機能

- 完全自動化された WireGuard VPN サーバーのセットアップ、ユーザー入力不要
- カスタムオプションを使用した対話型インストールをサポート
- Windows、macOS、iOS、Android デバイスを自動構成する VPN プロファイルを生成
- WireGuard VPN ユーザーの管理をサポート
- sysctl 設定を最適化して VPN パフォーマンスを向上

16.2 インストール

まず、Linux サーバーにスクリプトをダウンロードします*。

```
wget -O wireguard.sh https://get.vpnsetup.net/wg
```

* クラウドサーバー、仮想プライベートサーバー（VPS）、または専用サーバー。

オプション 1：デフォルトのオプションを使用して WireGuard を自動インストールすることが可能です。

```
sudo bash wireguard.sh --auto
```

一方で、外部ファイアウォールを備えたサーバー（EC2/GCE など）の場合は、VPN 用に UDP ポート 51820 を開いてください。

出力例：

```
$ sudo bash wireguard.sh --auto

WireGuard Script
https://github.com/hwdsl2/wireguard-install

Starting WireGuard setup using default options.

Server IP: 192.0.2.1
Port: UDP/51820
Client name: client
Client DNS: Google Public DNS

Installing WireGuard, please wait...
+ apt-get -yqq update
+ apt-get -yqq install wireguard qrencode
+ systemctl enable --now wg-iptables.service
+ systemctl enable --now wg-quick@wg0.service


 --------------------------

| クライアント設定用のQRコード |

 --------------------------

↑ That is a QR code containing the client configuration.

Finished!

The client configuration is available in: /root/client.conf
New clients can be added by running this script again.
```

セットアップ後、スクリプトを再度実行してユーザーを管理したり、WireGuard をアンインストールしたりすることが可能です。

次の手順：コンピューターまたはデバイスで VPN を使用する方法です。以下を参照してください。

17 WireGuard VPN クライアントの構成

あなただけの VPN をお楽しみください!

オプション 2: カスタムオプションを使用した対話型インストール。

sudo bash wireguard.sh

次のオプションをカスタマイズすることが可能です: VPN サーバーの DNS 名、UDP ポート、VPN クライアントの DNS サーバー、および最初のクライアントの名前。

外部ファイアウォールを備えたサーバーの場合は、VPN 用に選択した UDP ポートを開いてください。

手順の例 (独自の値に置き換えてください):

注: これらのオプションは、スクリプトの新しいバージョンでは変更される可能性があります。必要なオプションを選択する前に、よくお読みください。

```
$ sudo bash wireguard.sh

Welcome to this WireGuard server installer!
GitHub: https://github.com/hwdsl2/wireguard-install

I need to ask you a few questions before starting setup. You can
use the default options and just press enter if you are OK with
them.
```

最初に、VPN サーバーの DNS 名を入力してください。

```
Do you want WireGuard VPN clients to connect to this server using
a DNS name, e.g. vpn.example.com, instead of its IP address? [y/N]
y

Enter the DNS name of this VPN server:
vpn.example.com
```

次に、WireGuard の UDP ポートを選択してください。

```
Which port should WireGuard listen to?
Port [51820]:
```

そして、最初のクライアントの名前を指定してください。

```
Enter a name for the first client:
Name [client]:
```

その上で、DNS サーバーを選択し。

```
Select a DNS server for the client:
    1) Current system resolvers
    2) Google Public DNS
    3) Cloudflare DNS
    4) OpenDNS
    5) Quad9
    6) AdGuard DNS
    7) Custom
DNS server [2]:
```

最後に、WireGuard のインストールを確認して開始してください。

```
WireGuard installation is ready to begin.
Do you want to continue? [Y/n]
```

▼ ダウンロードできない場合は、以下の手順に従ってください。

curl を使用してダウンロードすることもできます。

```
curl -fL -o wireguard.sh https://get.vpnsetup.net/wg
```

次に、上記の手順に従ってインストールします。

代替ダウンロードリンク：

```
https://github.com/hwdsl2/wireguard-install/raw/master/wireguard-
install.sh
https://gitlab.com/hwdsl2/wireguard-
install/-/raw/master/wireguard-install.sh
```

▼ 詳細：カスタムオプションを使用して自動インストールすることが可能
です。

上級ユーザーは、スクリプトの実行時にコマンドラインオプションを指定することにより、カスタムオプションを使用して WireGuard を自動インストールできます。詳細については、以下を実行してください。

```
sudo bash wireguard.sh -h
```

あるいは、セットアップスクリプトへの入力として Bash の「here document」を提供することもできます。この方法は、インストール後にユーザーを管理するための入力を提供するためにも使用できます。

まず、カスタムオプションを使用して WireGuard を対話的にインストールし、スクリプトへの入力をすべて書き留めます。

```
sudo bash wireguard.sh
```

WireGuard を削除する必要がある場合は、スクリプトを再度実行し、適切なオプションを選択します。

次に、入力内容を使用してカスタムインストールコマンドを作成します。例:

```
sudo bash wireguard.sh <<ANSWERS
n
51820
client
2
y
ANSWERS
```

注: インストールオプションは、スクリプトの将来のバージョンで変更される可能性があります。

16.3 次のステップ

セットアップ後、スクリプトを再度実行してユーザーを管理したり、WireGuard をアンインストールしたりすることが可能です。

コンピューターまたはデバイスで VPN を使用する方法です。以下を参照してください。

17 WireGuard VPN クライアントの構成

あなただけの VPN をお楽しみください!

17 WireGuard VPNクライアントの構成

WireGuard VPN クライアント (https://www.wireguard.com/install/) は、Windows、macOS、iOS、または Android で利用することが可能です。

VPN 接続を追加するには、モバイルデバイスで WireGuard アプリを開き、「追加」ボタンをタップして、スクリプト出力で生成された QR コードをスキャンしてください。

Windows および macOS の場合、まず生成された .conf ファイルをコンピューターに転送し、次に WireGuard を開いてファイルをインポートしてください。

WireGuard VPN クライアントを管理するには、インストールスクリプトを再度実行してください: `sudo bash wireguard.sh`。詳細については、第 18 章を参照してください。

- プラットフォーム
    - Windows
    - macOS
    - Android
    - iOS（iPhone/iPad）

WireGuard VPN クライアント:
https://www.wireguard.com/install/

17.1 Windows

1. 最初に、生成された .conf ファイルを安全にコンピューターに転送してください。
2. 次に、**WireGuard** VPN クライアントをインストールして起動してください。
3. さらに、ファイルからトンネルをインポート をクリックしてください。
4. そして、.conf ファイルを参照して選択し、開く をクリックしてください。
5. 最後に、有効化をクリックしてください。

17.2 macOS

1. 最初に、生成された .conf ファイルを安全にコンピューターに転送して
   ください。
2. 次に、**App Store** から **WireGuard** アプリをインストールして起動し
   てください。
3. さらに、ファイルからトンネルをインポート をクリックしてください。
4. そして、.conf ファイルを参照して選択し、インポート をクリックして
   ください。
5. 最後に、有効化をクリックしてください。

17.3 Android

1. 最初に、**Google Play** から **WireGuard** アプリをインストールして起
   動してください。
2. 次に、「+」ボタンをタップし、**QR**コードをスキャン をタップしてく
   ださい。
3. さらに、VPN スクリプトの出力で生成された QR コードをスキャンして
   ください。
4. そして、トンネル名 に任意の名前を入力してください。
5. その上で、トンネルを作成 をタップしてください。
6. 最後に、新しいVPN プロファイルのスイッチをオンにしてください。

17.4 iOS（iPhone/iPad）

1. 最初に、**App Store** から **WireGuard** アプリをインストールして起動
   してください。
2. 次に、トンネルの追加 をタップし、**QR** コードから作成 をタップして
   ください。
3. さらに、VPN スクリプトの出力で生成された QR コードをスキャンして
   ください。
4. そして、トンネル名として任意の名前を入力してください。
5. その上で、保存をタップしてください。
6. 最後に、新しいVPN プロファイルのスイッチをオンにしてください。

18 WireGuard：VPNクライアントの管理

サーバーに WireGuard を設定したら、この章の手順に従って WireGuard VPN クライアントを管理することが可能です。

たとえば、追加のコンピューターやモバイルデバイス用にサーバーに新しい VPN クライアントを追加したり、既存のクライアントを一覧表示したり、既存のクライアントを削除したりすることが可能です。

WireGuard VPN クライアントを管理するには、まず SSH を使用してサーバーに接続し、次を実行してください。

```
sudo bash wireguard.sh
```

次のオプションが表示されます。

```
WireGuard is already installed.

Select an option:
 1) Add a new client
 2) List existing clients
 3) Remove an existing client
 4) Show QR code for a client
 5) Remove WireGuard
 6) Exit
```

次に、希望するオプションを入力して、WireGuard VPN クライアントを追加、リスト、または削除することが可能です。

注：これらのオプションは、スクリプトの新しいバージョンでは変更される可能性があります。必要なオプションを選択する前に、よくお読みください。

あるいは、コマンドラインオプションを使用して wireguard.sh を実行することも可能です。詳細については以下を参照してください。

18.1 新しいクライアントを追加するには

新しい WireGuard VPN クライアントを追加するには:

1. メニューからオプション 1 を選択するには、「1」と入力して Enter キーを押してください。
2. 次に、新しいクライアントの名前を入力してください。
3. そして、VPN に接続しているときに使用する新しいクライアントのDNS サーバーを選択してください。

あるいは、--addclient オプションを指定して wireguard.sh を実行することも可能です。使用方法を表示するには、オプション -h を使用してください。

```
sudo bash wireguard.sh --addclient [クライアント名]
```

次の手順: WireGuard VPN クライアントの構成。詳細については、第 17 章を参照してください。

18.2 既存のクライアントを一覧表示するには

メニューからオプション 2 を選択し、2 と入力して Enter キーを押してください。スクリプトによって既存の WireGuard VPN クライアントのリストが表示されます。

あるいは、--listclients オプションを指定して wireguard.sh を実行することも可能です。

```
sudo bash wireguard.sh --listclients
```

18.3 クライアントを削除するには

既存の WireGuard VPN クライアントを削除するには:

1. メニューからオプション 3 を選択し、3 と入力して Enter キーを押してください。
2. 次に、既存のクライアントのリストから、削除するクライアントを選択してください。
3. そして、クライアントの削除を確認してください。

あるいは、--removeclient オプションを指定して wireguard.sh を実行することも可能です。

```
sudo bash wireguard.sh --removeclient ［クライアント名］
```

18.4 クライアントのQRコードを表示するには

既存のクライアントの QR コードを表示するには:

1. メニューからオプション 4 を選択し、4 と入力して Enter キーを押してください。
2. 次に、既存のクライアントのリストから、QR コードを表示するクライアントを選択してください。

あるいは、--showclientqr オプションを指定して wireguard.sh を実行することも可能です。

```
sudo bash wireguard.sh --showclientqr ［クライアント名］
```

QR コードを使用して、Android および iOS WireGuard VPN クライアントを構成することが可能です。詳細については、第 17 章を参照してください。

著者について

Lin Song 博士はソフトウエアエンジニアであり、オープンソースの開発者です。彼は 2014 年から GitHub で Setup IPsec VPN プロジェクトを実施し、管理しています。このプロジェクトは、わずか数分で自前の VPN サーバーを構築するためのものです。これらのプロジェクトは 20,000 以上の GitHub スターと 3,000 万以上の Docker プルを獲得しており、何百万人ものユーザーが自前の VPN サーバーを構築するのに役立っています。

Lin Song とつながる
GitHub: https://github.com/hwdsl2
LinkedIn: https://www.linkedin.com/in/linsongui

お読みいただきまして誠にありがとうございました。本書を最大限に活用していただければ大変嬉しく思います。この本が役に立ちましたら、評価を残したり、短いレビューを投稿していただければ幸いです。

ありがとうございました。
Lin Song
著者

www.ingramcontent.com/pod-product-compliance
Lightning Source LLC
LaVergne TN
LVHW081344050326
832903LV00024B/1314